Elektro-
arbeiten

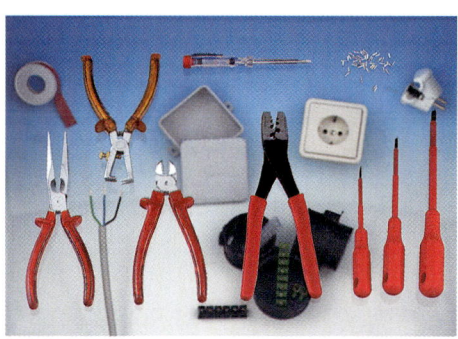

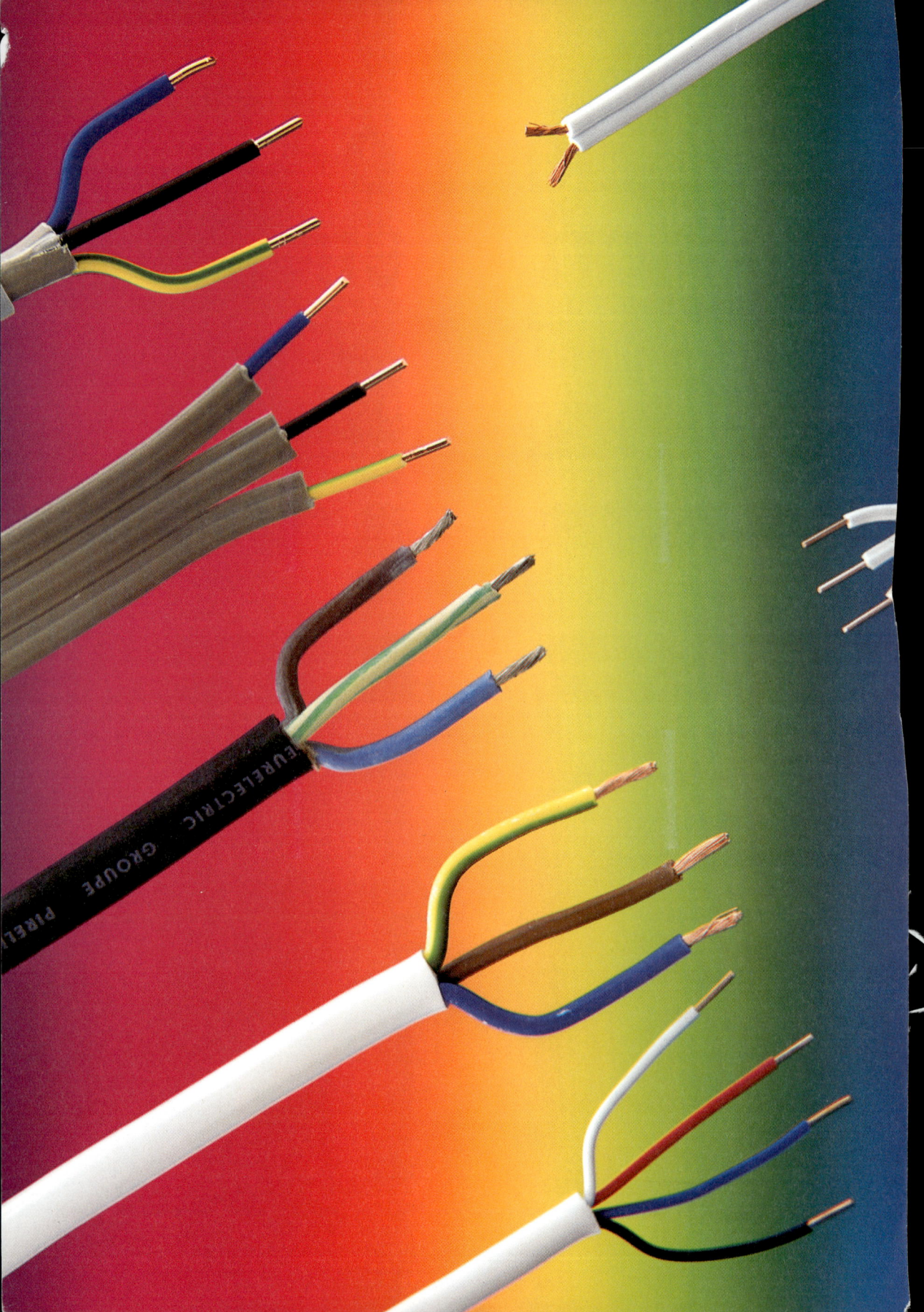

Karl-Heinz Böse

Elektro-arbeiten

Inhalt

Bei den Zeichnungen dieses Buches sind folgende Leitungsfarben zu beachten:

▬▬▬▬▬	Phase (P)
▬▬▬▬▬	Mittelleiter (N)
▬▬▬▬▬	Schutzleiter
▬▬▬▬▬	Phase (P)

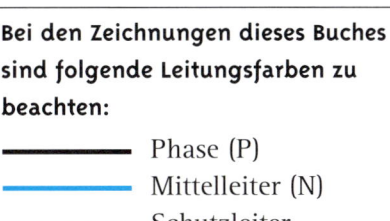

Elektroarbeiten selber machen

Angst vor elektrischem Strom?

Grundlegende Sicherheitsregeln

Angst vor elektrischem Strom?

Viele Menschen begegnen der elektrischen Installation mit gehörigem Respekt: Man sieht nicht recht, was passiert, und weiß dennoch, dass ein Berühren von Teilen, die unter Spannung stehen, lebensgefährlich sein kann.

Auf der anderen Seite sind ständig kleine und häufig auch banale Elektroarbeiten zu erledigen: das Anklemmen von Leuchten bei einem Umzug, das Ersetzen eines durchgescheuerten Kabels, das Erneuern von Teilen der Installation, die Montage eines Steckers usw.

Für viele dieser Arbeiten wird es zu aufwendig sein, einen Handwerker zu bestellen, man macht sie lieber selbst. Dieses Buch soll dabei helfen, indem die technischen Grundlagen und die Abläufe für die am häufigsten in der Wohnung und im Wohnhaus auftretenden Arbeiten beschrieben werden. Es soll dem Heimwerker die Kenntnisse vermitteln, die er benötigt, um die anfallenden Arbeiten eben-so ordentlich und sicher wie ein Fachmann zu erledigen.

Unter der Voraussetzung, dass man sorgfältig und genau arbeitet und die entsprechenden Vorschriften beachtet, kann man auch an elektrischen Anlagen oder Geräten einige Arbeiten vornehmen. Besondere Rücksicht muss allerdings auf die Vorschriften der Stromversorgungsunternehmen genommen werden. Der Verbraucher hat mit seinem Stromlieferanten einen Vertrag abgeschlossen, in dem festgelegt ist, dass Arbeiten an den elektrischen Anlagen nur von konzessionierten Betrieben vorgenommen werden dürfen. Damit ist es Heimwerkern grundsätzlich untersagt, solche Arbeiten durchzuführen. Auf der anderen Seite verkauft jeder Elektroinstallateur, aber auch das Kaufhaus oder der Baumarkt Installationsmaterial, so dass ein geschickter und erfahrener Heimwerker die Anlage für sein ganzes Haus selbst installieren kann.

Diesem Blitz werden Sie im Buch immer wieder begegnen. Er macht auf Arbeiten aufmerksam, bei denen Sie besonders vorsichtig vorgehen müssen.

Grundlegende Sicherheitsregeln

Was darf man auf keinen Fall selber machen ?

Viele Unfälle mit elektrischen Geräten und Anlagen sind nur aus Leichtsinn passiert. Grundlage selbst für die kleinsten Arbeiten muss deshalb die Beachtung der Sicherheitsvorschriften sein. Von ihnen darf auf keinen Fall abgewichen werden, auch nicht, um sich die Arbeit zu vereinfachen.

Einige grundlegende Regeln werden im Folgenden aufgeführt, weitere Sicherheitsregeln sind bei den beschriebenen Arbeiten in den entsprechenden Kapiteln zu fin-

den. Immer dann, wenn von der Arbeit eine besondere Gefährdung ausgehen kann, ist ein entsprechender Hinweis mit einem Blitz, dem Symbol für elektrische Gefahren (vgl. Seite 7), versehen.

Die sieben goldenen Sicherheitsregeln

1. Nie an Leitungen oder Geräten arbeiten, die unter Spannung stehen. Vor Beginn der Arbeit die Sicherung für den entsprechenden Stromkreis herausschrauben oder ausschalten.
2. Die Sicherung gegen Wiedereinschalten durch andere sichern.

Bild links:
Ein nicht angeschlossener oder defekter Schutzleiter kommt leider bei sehr vielen Geräten vor

Bild rechts:
Das Vertauschen von Schutz- und Hauptleiter hebt die Schutzwirkung auf

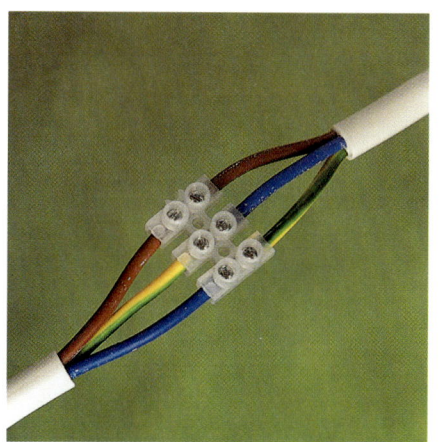

Dies geschieht am besten durch ein entsprechend beschriftetes Schild, das an die Sicherung gehängt wird. Herausgeschraubte Sicherungen werden nicht auf den Sicherungskasten oder Zähler gelegt, sondern mitgenommen.

3. Vor Beginn der Arbeit mit dem Spannungsprüfer kontrollieren, ob die Leitung tatsächlich spannungsfrei ist.

4. Nie Arbeiten durchführen, bei denen man sich nicht hundertprozentig sicher ist, dass sie so in Ordnung sind.

5. Keine beschädigten, abgenutzten oder veralteten Teile oder Geräte verwenden. Nach einer Reparatur oder Ergänzung muss die Installation den neuesten Vorschriften entsprechen.

6. Der grün-gelbe Schutzleiter darf nicht abgeklemmt, entfernt oder für andere Zwecke benutzt werden. Nach jeder Arbeit ist seine Funktion zu überprüfen.

7. Arbeiten am Hauseinlass, am Zähler, an der Verteilung und an den Sicherungen dürfen nur vom Elektriker vorgenommen werden.

Wer trägt die Verantwortung ?

Grundsätzlich sind bei jeder Installation und auch Veränderung der Anlage die VDE-Vorschriften einzuhalten (VDE – Verein Deutscher Elektrotechniker e.V., Frankfurt/Main). Darauf wird im folgenden Kapitel, aber auch im gesamten Verlauf des Buches näher eingegangen. Eine der wichtigsten VDE-Vorschriften ist die VDE 0100 mit den Bestimmungen für die Schutzmaßnahmen.

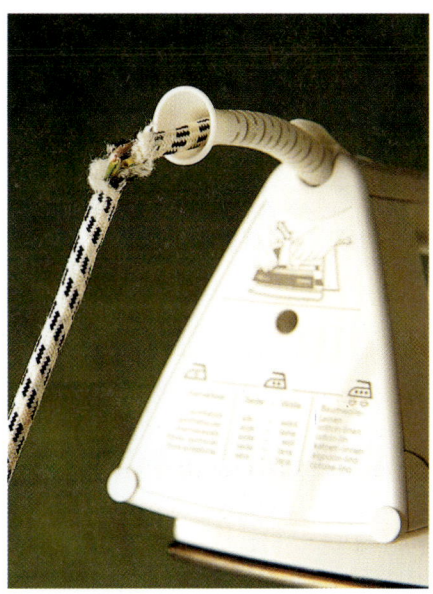

Beschädigte Geräte und Leitungen müssen sofort repariert werden. Behelfsmäßiges Flicken ist nicht zulässig

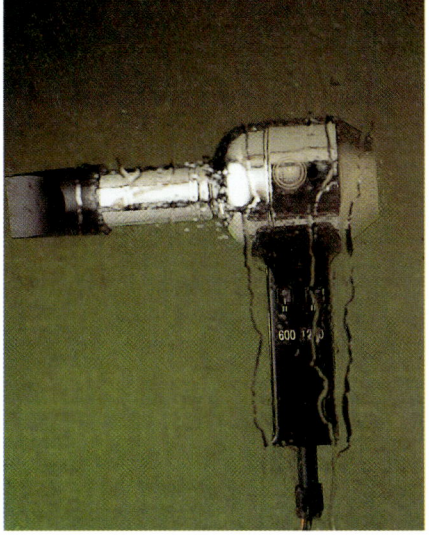

Die Schutzklasse muss dem Verwendungszweck entsprechen. Feuchtigkeit und Nässe können andernfalls tödliche Folgen haben

Jeder, ob Elektriker oder Heimwerker, hat sich über diese Bestimmungen zu informieren, da er für die Einhaltung dieser anerkannten Regeln der Elektrotechnik selbst verantwortlich ist.

Bei Unfällen, die durch elektrischen Strom oder durch fehlerhafte elektrische Geräte verursacht werden, wird derjenige zur Verantwortung gezogen, der zuletzt an der elektrischen Anlage gearbeitet oder das entsprechende elektrische Gerät repariert hat.

Da ein Heimwerker in der Regel nicht alle Bestimmungen kennen kann, wird empfohlen, zumindest bei größeren Anlagen den Rat des Fachmanns zu suchen. Ein konzessionierter Elektriker kann die Anlage überprüfen und abnehmen und damit auch die Gewähr für eine ordnungsgemäße sichere Ausführung bieten.

2

Elektroinstallation im Haus

Hausanschluß, Zähler und Stromarten

Sicherung von Leitungen und Geräten

Schaltpläne und Leitungsarten

Hausanschluss, Zähler und Stromarten

Die Elektroinstallation ist für viele ein Buch mit sieben Siegeln. Deshalb werden im Folgenden die technischen Zusammenhänge und die Aufgaben der einzelnen Bauteile erläutert. Dadurch wird es bei Störungen leichter, gezielt nach Fehlern zu suchen und selbst Abhilfe zu schaffen.

Hausanschluss und Zähler

Die elektrische Energie wird vom Energieversorgungsunternehmen über Erdkabel oder Freileitungen

Zählerschrank mit Sicherungen

ins Haus geliefert. An der Abzweigung des unter der Straße liegenden Kabels beziehungsweise am Dachständer bei Freileitungen beginnt der Hausanschluss. Er endet im Hausanschlusskasten.

Der Hausanschlusskasten ist verplombt und darf nur von konzessionierten Elektrikern oder vom Energieversorgungsunternehmen geöffnet werden. Er enthält die Hauptsicherungen, die verhindern, dass Schäden in der Hausinstallation zu Störungen im Netz des Stromversorgungsunternehmens führen. Der Hausanschlusskasten ist im Keller in einem Hausanschlussraum untergebracht, der auch den Zählerschrank und andere Hausanschlüsse wie zum Beispiel Telefon oder Wasser aufnehmen kann.

Vom Hausanschlusskasten führt eine Hauptleitung zum Zähler. Der Zähler ist häufig in einem Zählerschrank untergebracht, der außerdem die Zählerabgangssicherung und den Stromkreisverteiler mit den Sicherungen für die einzelnen Stromkreise enthält. Der Hausanschluss wird bis zum Zähler als Drehstromleitung verlegt.

Mit dem Zähler kann man den Gesamtverbrauch an elektrischer Energie in Wohnung oder Haus messen, man kann aber auch messen, welche Leistung ein Verbraucher, der im Haus angeschlossen ist, hat.

Dazu benötigt man die Zählerkonstante, die auf dem Zähler in Umdrehungen je Kilowattstunde (U/kWh) angegeben ist. Eine übliche Größe ist beispielsweise 75 U/kWh. Das bedeutet, dass die sichtbare Zählerscheibe 75 Umdrehungen macht, bis eine Kilowattstunde Strom verbraucht ist.

Zur Leistungsmessung zählt man die Umdrehungen der Zählerscheibe in einer Minute und rechnet anschließend nach der folgenden Formel:

$$P = \frac{\text{Umdrehungen/Minute x } 60}{\text{Zählerkonstante}}$$

Beispiel: Bei einem Heizofen werden zwei Umdrehungen gezählt, die Zählerkonstante ist 75 U/kWh. Die Leistung des Heizofens beträgt dann:

$$P = \frac{2 \text{ x } 60}{75} = 1,6 \text{ kW}$$

Wichtig zu beachten: Vor der Leistungsmessung mit dem Zähler müssen alle anderen am Zähler angeschlossenen Verbraucher abgeschaltet werden, andernfalls wird das Ergebnis verfälscht, weil es mehrere Geräte einschließt.

Wechselstrom und Drehstrom

In einem Drehstromnetz sind drei stromführende Leiter, die als L1, L2 und L3 (früher: R, S, T) bezeichnet werden. Dazu kommt ein Nullleiter mit der Bezeichnung N und der Schutzleiter PE (früher: SL). Die Spannung wird als Wechselspannung mit einer Frequenz von 50 Hz bezeichnet, das heißt, sie ändert sich 50-mal in der Sekunde.

Zwischen jeweils zwei Außenleitern kann bei Drehstrom eine Spannung von 400 V gemessen werden, zwischen einem der drei Außenleiter und dem Nullleiter eine Spannung von 230 V. Innerhalb des Hauses können daher zwei Arten von Leitungen verlegt werden: 230-V-Leitungen für Steckdosen und Beleuchtung und 400-V-Leitungen für stärkere Verbraucher, wie den Backofen in der Küche oder die große Kreissäge in der Werkstatt des Heimwerkers.

Der Schutzleiter wird an einer Potentialausgleichsschiene angeschlossen. Sie verbindet folgende leitfähigen Teile innerhalb des

Schematische Darstellung des Drehstromnetzes mit Angabe der Spannungen, die zwischen den Adern gemessen werden können

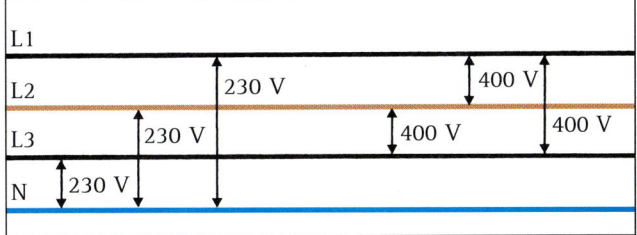

Bild oben:
Die Potential-
ausgleichschiene
mit dem Funda-
menterder aus
verzinktem
Flachstahl und
Erdungsleitun-
gen aus Kupfer

Bild unten:
Rohrschelle zum
Anschluss von
Leitungen an
den Potential-
ausgleich

Hauses miteinander: Schutzleiter, Erdungsleitung, Blitzschutzerder (falls vorhanden), Hauptwasserrohre, Gasrohre, Heizungsrohre, Fernmeldeanlagen und Metallteile der Gebäudekonstruktion. Dadurch werden Potentialunterschiede, das sind Spannungen zwischen verschiedenen leitfähigen Rohr- oder Gebäudeteilen, verhindert.

Die Potentialausgleichsschiene ist (bei neueren Häusern) mit dem Fundamenterder verbunden. Das ist ein verzinkter Bandstahl oder Rundstahl, der beim Bau des Hau-

ses im Betonfundament mitverlegt wurde. Da sich der elektrische Widerstand des Betons dem des Erdbodens annähert, ist eine gute Erdung gewährleistet. Auch beim Bau eingebrachte Kunststofffolien unter der Fundamentsohle verringern die Wirksamkeit des Erders nicht wesentlich.

Sämtliche Arbeiten am Hausanschluss, am Zähler, am Stromkreisverteiler, an den Sicherungen und an der Verbindung zur Potentialausgleichsschiene dürfen nur vom zugelassenen Elektriker durchgeführt werden. Dies ist besonders deshalb wichtig, weil in den einzelnen Versorgungsgebieten der Stromlieferanten unterschiedliche Arten der Anschlüsse und Schutzmaßnahmen möglich sind.

Die meisten Verbraucher im Haus sind an eine 230-V-Wechselstromleitung angeschlossen. Diese Leitung besteht aus drei Adern: dem schwarzen Außenleiter (auch Phase genannt), dem blauen Nullleiter und dem gelb-grünen Schutzleiter. In älteren Anlagen einiger Versorgungsgebiete gibt es noch Anschlüsse mit der klassischen Nullung, bei der der Schutzkontakt direkt mit dem Nullleiter verbunden wird. Beim Austausch von Steckdosen ist hierauf besonders zu achten; in den entsprechenden Kapiteln dieses Buches wird darauf genauer hingewiesen.

Der Schutzleiter erhöht die Sicherheit gegenüber der klassi-

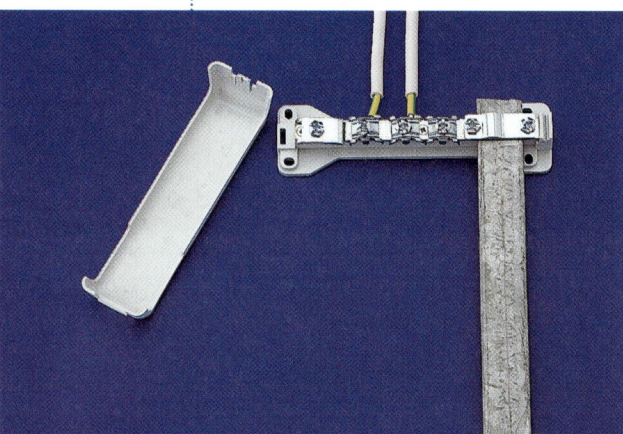

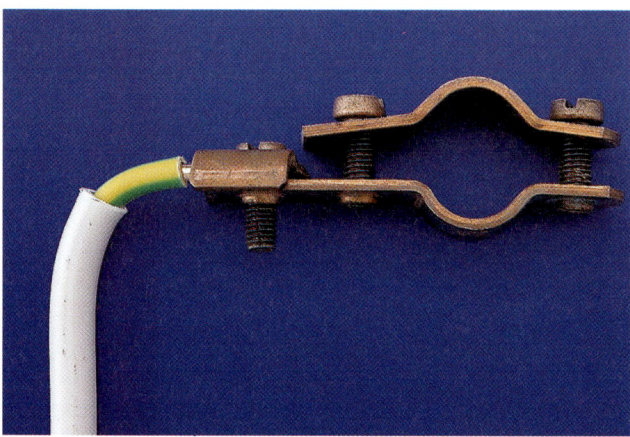

schen Nullung, da bei einer Unterbrechung des Nullleiters die angeschlossenen Geräte weiterhin geerdet sind. Bei einer Unterbrechung des Schutzleiters wird dagegen nur die zusätzliche Schutzwirkung aufgehoben. Der Anschluss an den Nullleiter bleibt bestehen, so dass ein Berühren der angeschlossenen Geräte nicht gefährlich wird.

Bei einer Erweiterung von Anlagen mit klassischer Nullung wird ebenfalls ein Schutzleiter verwendet. Die Arbeiten sollten nur von einem Elektriker durchgeführt werden.

Größere Verbraucher werden mit einer fünfadrigen Drehstromleitung angeschlossen, die drei Außenleiter, einen Nullleiter und den Schutzleiter enthält. Arbeiten an der Drehstrominstallation sollten vom Heimwerker nicht vorgenommen werden, da ein Verwechseln der Anschlüsse oder der Kontakt zweier Außenleiter miteinander schwerwiegende Folgen haben kann.

Auf keinen Fall dürfen 400-V-Drehstromleitungen mit der 230-V-Wechselstrominstallation zusammen in Abzweigdosen oder Steckdosen benutzt werden. Beide Netze werden unabhängig voneinander verlegt, die Aufteilung erfolgt im Stromkreisverteiler.

Sicherung von Leitungen und Geräten

Sicherungen

Fließt in einer Leitung ein für den Querschnitt zu hoher Strom, erwärmt sich die Leitung, und es besteht Brandgefahr.

Aus diesem Grund sind Leitungen mit Schmelzsicherungen oder Leitungsschutzschaltern gesichert. Bei Überschreiten der vorgesehenen Stärke der Sicherung oder bei einem Kurzschluss schmilzt der Sicherungsdraht, und der Stromkreis ist unterbrochen.

Schmelzsicherungen stehen in verschiedenen Stromstärken zur Verfügung. Durch eine Passschraube im Sockel, die nur der Elektriker auswechseln sollte, wird verhindert, dass eine stärkere Sicherung als zulässig eingeschraubt wird. Früher wurden flinke und träge Sicherungen verwendet, die heute durch gL-Sicherung ersetzt

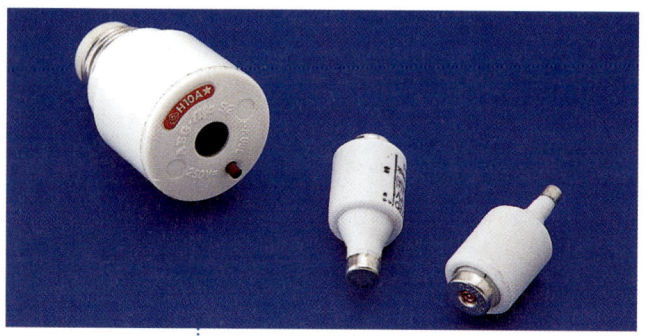

Stromstärke	Kennfarbe
4 A	Braun
6 A	Grün
10 A	Rot
16 A	Grau
20 A	Blau
25 A	Gelb

Verschiedene Schmelzsicherungen (6 A und 10 A) und ein Sicherungsautomat mit Schraubgewinde

werden: gL bedeutet „Ganzbereichs-Kabel- und Leitungsschutz". gL-Schmelzsicherungen schalten bei zehnfachem Nennstrom innerhalb von 0,2 Sekunden ab.

Schmelzsicherungen haben ein kleines farbiges Plättchen, das herausspringt, wenn die Sicherung durch zu hohen Strom oder Kurzschluss zerstört wird. An der Farbe dieses Plättchens, die mit der Farbe der Passschraube übereinstimmt, erkennt man die Stromstärke der Sicherung (siehe Tabelle auf dieser Seite oben). Die Schmelzsicherung wird durch eine Schraubkappe mit einer kleinen runden Glasscheibe abgedeckt. Dadurch wird ein Schutz gegen das Berühren spannungführender Teile erreicht. Durch die Glasscheibe kann kontrolliert werden, ob das farbige Plättchen der Sicherung noch vorhanden ist. Bei älte-

ren Sicherungen fehlen die Glasscheiben häufig, die Schraubkappen sollten dann ersetzt werden.

Leitungsquerschnitt

Die Belastung und Absicherung einer Leitung richtet sich nach dem Querschnitt (gilt für feste Leitungen; siehe Tabelle unten).

Leitungsschutzschalter

Anstelle von Schmelzsicherungen werden häufig Leitungsschutzschalter (auch Automaten genannt) eingebaut. Sie schützen die Leitung ebenfalls vor Überlastung und Kurzschluss. Sie arbeiten mit einem thermischen (wärmeempfindlichen) und einem magnetischen Auslöser. Bei kleinen Überströmen schaltet der thermische Auslöser nach einer gewissen Zeit ab. Bei hohem Überstrom oder bei einem Kurzschluss unterbricht eine

Querschnitt	Belastbarkeit	Sicherung
1,5 mm^2	2,2 kW	10 A (16 A)
2,5 mm^2	4,4 kW	20 A

Sicherungen dürfen unter keinen Umständen geflickt oder überbrückt werden, da dadurch die Gefahr einer Überlastung der Leitung besteht.

Magnetspule den betreffenden Stromkreis sofort.

Leitungsschutzschalter haben den Vorteil, dass sie nach dem Auslösen wieder eingeschaltet werden können. Für den Ersatz von Schmelzsicherungen gibt es Schalter mit Schraubgewinde. In neueren Anlagen werden die Leitungsschutzschalter in die Zählertafel fest eingebaut. Da sie eine Breite von nur 17,5 mm haben, kann auch auf engem Raum eine größere Zahl von Leitungsschutzschaltern eingebaut werden.

Noch ein Hinweis für Reparaturen und Arbeiten an der Installation: Da auf keinen Fall an spannungführenden Leitungen gearbeitet werden darf, muss vor Beginn der Arbeit die Schmelzsicherung herausgedreht oder der Leitungsschutzschalter ausgeschaltet wer-

Leitungsschutzschalter dürfen nur vom Elektriker ein- oder ausgebaut werden, da er vorher die Installation durch Herausdrehen der Zählervor- oder -nachsicherungen spannungsfrei schalten muss.

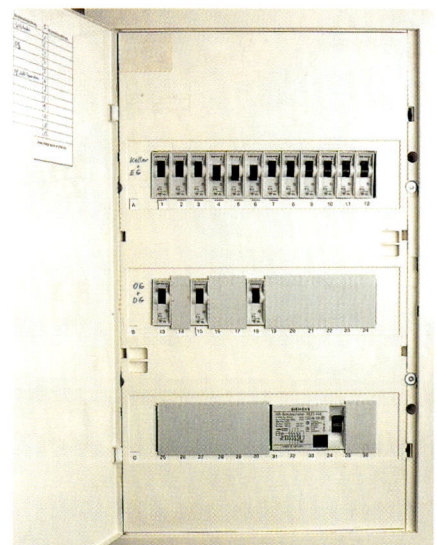

Der Wohnungsverteiler nimmt alle für eine Wohnung benötigten Sicherungen und Fehlerstromschutzschalter auf. Zusätzlich können Klingeltrafo, Schaltuhren und andere Geräte eingebaut werden

den. In den einzelnen Kapiteln dieses Buches wird darauf immer wieder hingewiesen. Um zu verhindern, dass zum Beispiel Mitbewohner die Sicherung wieder einschalten, während noch an der Leitung gearbeitet wird, sollte ein Schild am Sicherungskasten befestigt werden, auf dem steht:

Nicht einschalten! Gefahr! Es wird gearbeitet!

Herausgedrehte Schmelzsicherungen dürfen nicht auf der Verteilung abgelegt, sondern sie müssen mitgenommen werden.

Feinsicherungen

In elektronische Helligkeitsregler (Dimmer), Rundfunkgeräte und viele andere elektronische Geräte werden Feinsicherungen eingebaut. Sie schützen vor zu hoher Stromaufnahme, da die Verteilersicherung dafür zu grob ist. Sie werden auch als Gerätesicherung bezeichnet. Häufig verwendete Feinsicherungen bestehen aus einem dünnen Glasröhrchen mit 5 mm Durchmesser und 20 mm Länge mit Metallkappen an den Enden. Innen liegt ein feiner Schmelzdraht, der bei Überlast zerstört wird.

Die Feinsicherung ist mit Buchstaben und Zahlen gekennzeichnet, die Auskunft über ihr Verhalten geben. Es gibt fünf Sorten von Feinsicherungen, die in der Aufstellung oben beschrieben werden.

Ein Beispiel: Für Dimmer wird bei 400 W Leistung eine Feinsicherung 1,6 A träge und bei 600 W 2,5 A träge verwendet.

Feinsicherungen	
→ superflink	Kennzeichen FF
→ flink	Kennzeichen F, Ansprechzeit weniger als 30 Millisekunden
→ mittelträge	Kennzeichen M, Ansprechzeit 30 – 80 Millisekunden
→ träge	Kennzeichen T, Ansprechzeit 80 – 300 Millisekunden
→ superträge	Kennzeichen TT

Fehlerstromschutzschaltung

Täglich passieren Unfälle mit elektrischem Strom, die auf defekte Elektrogeräte zurückzuführen sind. Die Ursachen sind in den meisten Fällen unterbrochene Schutzleiter, mangelhafte oder fehlerhafte Isolation, fehlerhafte Anschlüsse und die direkte Berührung spannungführender Teile.

Eine Möglichkeit, sich dagegen zu schützen, ist der Einbau eines Fehlerstromschutzschalters (FI-Schutzschalter). Er schaltet den Stromkreis innerhalb von Sekundenbruchteilen ab, wenn durch einen Schaden ein Fehlerstrom von mehr als 30 mA (je nach Bauart auch mehr) auftritt. Dadurch wird eine Gefährdung von Menschen ausgeschlossen. Darüber hinaus gibt es Fehlerstromschutzschalter mit einem Nennfehlerstrom von 10 mA für erhöhten Personen- und Brandschutz.

Bei Neuanlagen ist der Einbau eines Fehlerstromschutzschalters mittlerweile üblich. Bei Altanlagen ist ein nachträglicher Einbau in der Regel möglich und auch sinnvoll. Es gibt allerdings Altanlagen, in denen empfindliche Fehlerstromschutzschalter nur nach einer

vollständigen Erneuerung des Lei-
tungsnetzes eingebaut werden
können. Bei klassischer Nullung
kann kein Fehlerstromschutzschalter verwendet werden.

Eine Funktion ist nur dann gewährleistet, wenn alle Leitungen,
Außenleiter und Nullleiter über
den FI-Schutzschalter geführt werden, ausgenommen der Schutzleiter. Der Nullleiter muss hinter dem
FI-Schutzschalter genauso sorgfältig isoliert sein wie der Außenleiter, auch gegen Erde. Alle zu
schützenden berührbaren Anla-
genteile müssen ordnungsgemäß
geerdet sein.

Für nichtgeschützte Leitungen
und Anlagen gibt es Fehlerstromschutzschalter zum Gebrauch an
der Steckdose, beispielsweise in einer Steckdosenleiste oder einer
Kabelbox eingebaut. Dadurch ist
für Geräte, die mit dieser Steckdose benutzt werden, ein vollstän-
diger Schutz gewährleistet. Alle
anderen Teile des Netzes bleiben
weiterhin ungeschützt.

In einer anderen Ausführung
kann der Schutzschalter anstelle
eines Schutzkontaktsteckers an der
Gerätezuleitung montiert werden.
Dadurch ist ein Schutz ab dieser
Steckdose gewährleistet. Sollte der
Schalthebel beim Einstecken des
Schutzschaltersteckers in die
Steckdose auf 0 schalten, liegt ein
Fehler im angeschlossenen Gerät
vor, oder der Anschluss wurde
fehlerhaft ausgeführt.

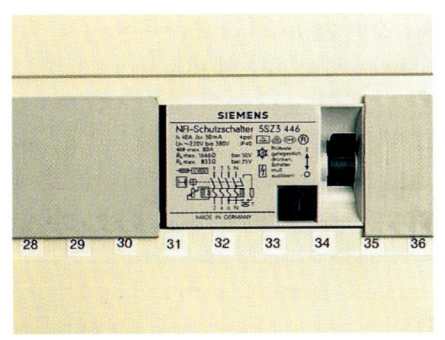

Fehlerstrom-
schutzschalter
zum Einbau in
die Verteilung.
Durch Drücken
der Prüftaste
sollte regelmäßig
die Funktion
überpüft werden

Etwa zweimal im Jahr sollte der
FI-Schutzschalter überprüft werden. Dazu drückt man die mit P
oder T gekennzeichnete Prüftaste
und löst dadurch den Schutzschalter aus. Anschließend wird wieder
eingeschaltet. Man erfährt dadurch
allerdings nur, ob der Schaltme-
chanismus arbeitet. Weitergehende
Prüfungen kann nur der Elektriker
vornehmen.

Nullung, Schutzleiter und Schutzisolierung

Die in Deutschland üblichen
Schutzkontaktsteckdosen („Schuko") sind in der Regel mit drei Leitern angeschlossen:
▶ dem stromführenden Leiter (L)
▶ dem Nullleiter (N)
▶ dem Schutzleiter (PE)

Der grün-gelbe Schutzleiter verbindet das elektrisch leitende
Gehäuse von Elektrogeräten über
die Schutzkontaktsteckdose mit
der Hauptverteilung. Dadurch wird

erreicht, dass auch bei einer Unterbrechung des Nullleiters keine gefährliche Fehlerspannung am Gehäuse des Gerätes entstehen kann. Diesen Anschluss bezeichnet man als Nullung.

Bei älteren Häusern findet man noch die klassische Nullung. Dabei ist die Steckdose lediglich mit zwei Leitern, der Phase und dem Nullleiter angeschlossen. In der Steckdose wird der Schutzleiter mit dem Nullleiter durch eine Brücke verbunden. Die Verbindung zum Elektrogerät erfolgt wiederum über die dreiadrige Leitung mit Schutzleiter. Die klassische Nullung ist weniger sicher als der Anschluss mit Schutzleiter, da bei einer Unterbrechung des Nullleiters das Gehäuse des Gerätes unter Spannung stehen kann. Bei Neuanlagen

darf die klassische Nullung auf keinen Fall mehr angewendet werden, sie ist nur noch bei Altanlagen zulässig.

Außenleiter und Nullleiter sind die Fachausdrücke für die stromführenden Leiter in der bei uns üblichen Wechselstrominstallation. Außenleiter werden auch als Phase bezeichnet. Berührt man einen unter Spannung stehenden Außenleiter – zum Beispiel den Kontakt in einer Steckdose – mit der Prüfspitze eines Spannungsprüfers, leuchtet die Glimmlampe des Spannungsprüfers auf.

Der Nullleiter dient zur Rückleitung des Stroms, er ist am Generator geerdet. Zwischen einem Außenleiter und dem Nullleiter kann man mit dem Spannungsprüfer 230 V messen.

Links: Anschluss einer Steckdose mit einer dreiadrigen Leitung mit Schutzleiter

Rechts: Anschluss der selben Steckdose bei „klassischer Nullung". In diesem Fall werden die Schrauben für den Schutzleiter und für den Nullleiter (5) durch eine Brücke miteinander verbunden

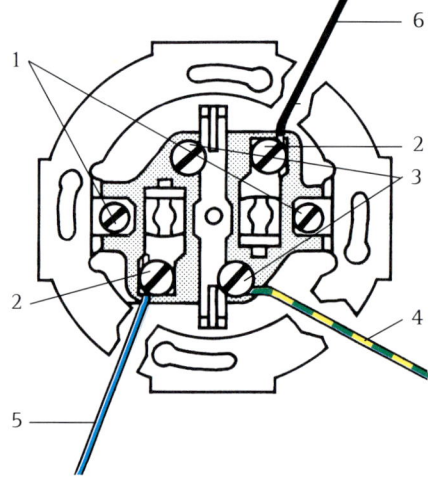
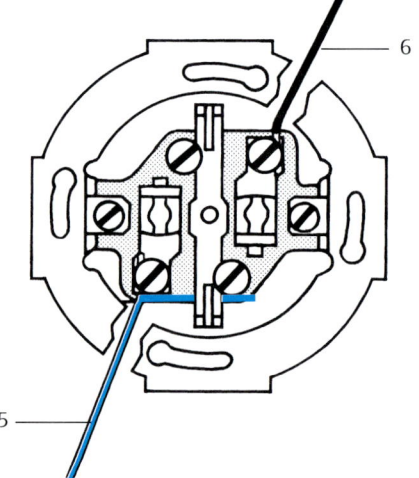

1 Schrauben der Spreizkrallen
2 Schrauben der Anschlussklemmen
3 Schraube des Schutzleiters
4 Schutzleiter (grün-gelb)
5 Nullleiter
6 stromführender Leiter L

Im Drehstromnetz gibt es drei Außenleiter (L1, L2 und L3) und damit drei Phasen. Zwischen jeweils zwei Außenleitern kann man mit dem Spannungsprüfer eine Spannung von 400 V messen, zwischen jeweils einem Außenleiter und dem Nullleiter 230 V. Mit der Bezeichnung Drehstrom wird angedeutet, dass bei Motoren, die mit Drehstrom betrieben werden, die Drehbewegung durch ein umlaufendes Drehfeld erzeugt wird. Die Drehrichtung dieses Drehfeldes hängt von der Phasenfolge ab, sie wird durch Vertauschen zweier Außenleiter miteinander geändert.

Viele Geräte, wie Lampen, Haushaltsgeräte oder Elektrowerkzeuge, werden mit einer zweiadrigen Anschlussleitung und einem flachen Stecker ohne Schutzkontakte, dem Eurostecker, geliefert. Diese Geräte sind schutzisoliert. Das bedeutet, dass auch bei durchtrenntem Nullleiter keine Spannung am Gehäuse anliegen kann. Schutzisolierte Geräte sind mit einem besonderen Zeichen versehen. Sie benötigen keinen Schutzleiter. Bei Verwendung von Eurosteckern und Steckdosen mit zusätzlichen Steckbuchsen kann eine Schutzkontaktsteckdose zwei Eurostecker aufnehmen.

Grundsätzlich gilt auch bei der Verwendung von schutzisolierten Geräten: Der Schutzleiter in der Schutzkontaktsteckdose muss angeschlossen sein, da die Steckdose unter Umständen auch für andere, nicht schutzisolierte Geräte benutzt wird.

Arbeitsregeln

▶ Schutzkontaktsteckdosen dürfen nur mit angeschlossenem und überprüftem Schutzleiter in Betrieb genommen werden.
▶ Bei Schutzkontaktsteckern und -kupplungen sowie bei Geräten ohne Schutzisolierung ist immer der Schutzleiter anzuschließen.
▶ Grün-gelbe Leiter dürfen nur als Schutzleiter verwendet werden. Die Benutzung als Schaltleitung ist nicht zulässig. In Altanlagen kann der Schutzleiter rot sein.
▶ Wasser- oder Heizungsleitungen dürfen nicht als Schutzleiter verwendet werden.

FREMDKÖRPERSCHUTZ

(1. Kennziffer)

IP1... Schutz gegen große Fremdkörper über 50 mm

IP2... Schutz gegen mittelgroße Fremdkörper über 12 mm

IP3... Schutz gegen kleine Fremdkörper über 2,5 mm

IP4... Schutz gegen kornförmige Fremdkörper über 1 mm

IP5... Schutz gegen schädliche Staubablagerungen

IP6... Schutz gegen Eindringen von Staub

(2. Kennziffer)

IP...1   Schutz gegen senkrecht fallendes Tropfwasser

IP...2   Schutz gegen schräg fallendes Tropfwasser bis 15° Neigung

IP...3   Schutz gegen Sprühwasser

IP...4   Schutz gegen Spritzwasser

IP...5   Schutz gegen Strahlwasser

IP...6   Schutz gegen schwere See

IP...7   Schutz beim Eintauchen

IP...8   Schutz beim Untertauchen

Schutzarten und Schutzklassen

Elektrogeräte werden, je nach Verwendungszweck, so geschützt, dass Fremdkörper und Wasser nicht eindringen und die Funktion des jeweiligen Gerätes nicht beeinträchtigen können. Da es aber sehr unterschiedliche Anforderungen an den Schutz gibt, wird eine Einteilung in verschiedene Schutzarten vorgenommen.

Dabei wird unterschieden nach Fremdkörperschutz und Wasserschutz. Die Schutzart wird am Gerät und auch in den technischen Unterlagen durch eine Kurzziffer bezeichnet, die aus den Buchstaben IP und zwei Kennziffern besteht. So bedeutet beispielsweise

IP 45 bei einer Leuchte, dass sie gegen das Eindringen von Fremdkörpern geschützt ist, die größer als 1 mm sind (1. Kennziffer), sowie gegen Strahlwasser (2. Kennziffer). Zusätzlich zu diesen Kurzzeichen werden Bildzeichen verwendet, die die Schutzart einprägsam bezeichnen. Eine tabellarische Übersicht finden Sie auf diesen Seiten.

Schutzklassen

Die Schutzklasse gibt an, wie ein Gerät vor Berührungsspannung am Gehäuse geschützt ist, falls ein Fehler auftritt. Auch die Schutzklassen werden mit Bildzeichen dargestellt, die am Gehäuse des Gerätes oder an den Anschlussklemmen gut sichtbar angebracht sind.

Schutzklasse I
Die Geräte werden mit Schutzleiter angeschlossen. Im Fehlerfall erfolgt eine Netzabschaltung durch Sicherungen oder bei modernen Anlagen durch Fehlerstromschutzschalter.

Schutzklasse II
Die Geräte sind schutzisoliert. Das berührbare Gehäuse ist aus Kunststoff, oder es ist so isoliert, dass im Fehlerfall keine gefährliche Berührungsspannung auftritt.

Schutzklasse III
Die Geräte werden über einen Sicherheitstransformator mit einer

Schutzkleinspannung von 42 V betrieben. Dadurch wird das Auftreten einer unzulässig hohen Berührungsspannung bei einem Isolationsfehler verhindert.

Verwendet wird die Schutzkleinspannung in besonders gefährdeten Bereichen, beispielsweise bei einer Schwimmbadleuchte oder ähnlichem.

Schaltpläne und Leitungsarten

Schaltpläne und Sinnbilder

Die Zeichnungen und Schaltpläne sowie die Wirkschaltpläne in diesem Buch sind durchweg so gestaltet, dass sie auch ohne besondere Kenntnisse der in der Elektrotechnik gängigen Sinnbilder verstanden werden können.

Ausserdem bieten die Wirkschaltpläne mit ihrer räumlichen Darstellung eine zusätzliche wertvolle Orientierungshilfe – insbesondere für den ungeübten Heimwerker. Da jedoch vielen Elektrogeräten Schaltpläne beigefügt sind, deren Verständnis wichtig für den Anschluss ist, folgt eine kleine Auswahl von häufig verwendeten Sinnbildern und Schaltzeichen. Eine tabellarische Aufstellung mit Zeichenerklärung finden Sie in der Übersicht rechts.

Sinnbild	Bedeutung
—	Gleichspannung, Gleichstrom
~	Wechselspannung, Wechselstrom
⊏▭⊐	Widerstand
—	(Bewegliche) Leitung
┳	Leitungsverzweigung
⏚	Erdung
⊟	Sicherung
⌐	Ausschalter
⌣	Serienschalter
⌐	Wechselschalter
⊠	Kreuzschalter
◎	Tastschalter
⌀	Dimmer
⊣⟨	Einfach-Schutzkontaktsteckdose
⊗	Leuchte

Leitungsarten und ihre Verwendung

Es gibt eine Vielzahl von verschiedenen Leitungen für die Elektroinstallation, die sich für den Heimwerker allerdings auf wenige gängige Arten reduzieren. Leitungen bestehen in der Regel aus mehreren Adern, die mit einer farbigen Kunststoffumhüllung isoliert sind. Die Zahl der Adern einer Leitung und die Kennfarben der Isolierung richten sich nach dem Verwendungszweck. Die Bedeutung der Kennfarben finden Sie auf dieser Seite unten aufgelistet.

In Altbauten sind zum Teil noch Leitungen mit anderen Kennfarben installiert:

▶ Schutzleiter PE :   Rot
▶ Nullleiter N :   Grau
▶ Außenleiter
   L1, L2, L3 :   Schwarz

Die Leitungen mit den alten Kennfarben dürfen bei einer Erweiterung der Installation weiter ver-

wendet werden, wenn die Querschnitte ausreichen. Dabei werden miteinander verbunden:

▶ Schutzleiter
   grün-gelb: mit rot
▶ Nullleiter blau: mit grau
▶ Außenleiter
   schwarz
   oder braun: mit schwarz

Je nach Verwendungszweck sind Leitungen für die Hausinstallation ein- bis fünfadrig.

Die folgenden Tabellen (ab Seite 26) geben eine Auswahl von häufig verwendeten Leitungen und die dafür genormten Kurzzeichen. Darüber hinaus gibt es noch weitere Leitungsarten für die feste Verlegung, für flexible Leitungen, für Schwachstrom (bis 100 V) und für Rundfunk und Fernsehen. Die aufgeführten Leitungen sind eine kleine Auswahl von häufig genutzten Leitungen. Die Kurzzeichen geben nach einem genormten Schlüssel Auskunft über Art und Verwendung der Leitung.

Leitungsarten

Farbe	Bezeichnung	Kurzzeichen
Grün-Gelb	Schutzleiter	PE
Hellblau	Nullleiter	N
Schwarz oder Braun	Außenleiter (Phase)	L1, L2 oder L3

Flexible Leitungen

Leitungen für bewegliche Verlegung bestehen aus feindrähtigen flexiblen Leitern. Häufig verwendet werden Kunststoffschlauchleitungen für trockene Räume bei leichter Beanspruchung. Bei stärkerer Beanspruchung und im Freien muss eine Gummischlauchleitung in schwerer Ausführung gewählt werden. Bewegliche Leitungen zum Anschluss von Stromverbrauchern bis 10 A (beispielsweise Steh- und Tischlampen) müssen einen Mindestquerschnitt

Flexible Leitungen	
Zulässige Leitungsquerschnitte	
Verbraucher	**Querschnitt**
bis 10 A	0,75 mm²
10 A bis 16 A	1 mm²
sowie Verlängerungsleitungen	

von 0,75 mm² haben. Bewegliche Leitungen für Verbraucher bis 16 A (beispielsweise Heizgeräte) müssen einen Querschnitt von mindestens 1 mm² haben.

Links: Dreiadrige Stegleitung gelb-grün, blau, schwarz (NYIF-J 3 x 1,5 mm²).
Rechts: Dreiadrige Mantelleitung mit den Aderfarben Gelb-Grün, Blau, Schwarz (Kurzzeichen: NYM-J 3 x 1,5 mm²)

Flexible PVC-Schlauchleitung: dreiadrig mit den Farben Gelb-Grün, Blau, Braun (HO 5 RR-F 3 x 1,5 mm²); dreiadrig gelb-grün, blau, braun (HO 5 VV-F 3 x 1,5 mm²); Zwillingsleitung (HO 3 VH-H)

Rechts: Einadrige Aderleitung (HO 7 V-U 1 x 10 mm²) für Erdungsleitungen in der Farbe Gelb-Grün.
Links: Die gleiche Aderleitung als Mantelleitung

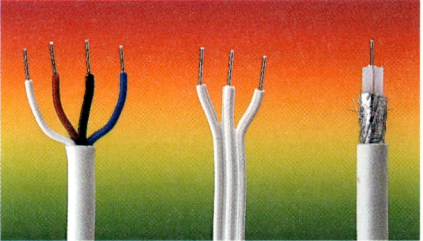

Links: Schwachstrom-Schlauchleitung bis 100 Volt (YR 4 x 0,8 mm²).
Mitte: Klingelstegleitung (J-FY 3 x 0,8 mm²).
Rechts: HF-Koaxialkabel für Fernseh- und Rundfunkanlagen

Leitungen für feste Verlegung

Bezeichnung	Verwendung	Kurzzeichen
Stegleitung	in trockenen Räumen, in und unter Putz, nicht in Holzhäusern und landwirtschaftlichen Gebäuden	NYIF-O $2 \times 1,5 \text{ mm}^2$ NYIF-J $3 \times 1,5 \text{ mm}^2$
Mantelleitung (Feuchtraumleitung)	in trockenen und feuchten Räumen sowie im Freien; auf, in und unter Putz, nicht im Erdreich	NYM-J $3 \times 1,5 \text{ mm}^2$ $3 \times 2,5 \text{ mm}^2$ $4 \times 1,5 \text{ mm}^2$ $5 \times 1,5 \text{ mm}^2$ $5 \times 2,5 \text{ mm}^2$
Energiekabel (Erdkabel)	im Freien und in der Erde, in Innenräumen, in Kabelkanälen	NYY-I $3 \times 1,5 \text{ mm}^2$

Leitungen für Schwachstrom

Bezeichnung	Verwendung	Kurzzeichen
Zwillingsleitung	nur in trockenen Räumen	$2 \times 0,4 \text{ mm}^2$
Klingelstegleitung	als Klingelleitung in trockenen Räumen in und unter Putz	$2 \times 0,6 \text{ mm}^2$
Klingelleitung Y-Draht	als Schaltdraht in Sprech- und Signalanlagen	$2 \times 0,6 \text{ mm}^2$

Leitungen für Fernsehen und Rundfunk

Bezeichnung	Verwendung	Kurzzeichen
HF-Koaxialkabel	für Fernseh- und Rundfunkeinzel- und -gemeinschaftsanlagen, $75 \, \Omega$ Widerstand	KO AX 75

Leitungen für flexible Verlegung

Bezeichnung	Verwendung	Kurzzeichen
Leichte PVC-Schlauch-leitung	bei geringen Beanspruchungen in Haushalten und Büroräumen, für leichte Handgeräte und Heimwerker-werkzeuge	HO 3 VV-F $2 \times 0,75 \text{ mm}^2$
	$0,75 \text{ mm}^2$ ist zugelassen für Wärme-geräte, wenn die Leitung nicht mit heißen Teilen in Berührung kommt	$3 \times 0,75 \text{ mm}^2$
Mittlere PVC-Schlauchleitung	in trockenen Räumen bei mittleren mechanischen Beanspruchungen. Nicht im Freien und nicht für Land-wirtschaft und Gewerbe. Für Wärme-geräte, wenn die Leitung nicht mit heißen Teilen in Berührung kommt	HO 5 VVV-F $3 \times 1 \text{ mm}^2$ $3 \times 1,5 \text{ mm}^2$
Herdan-schlussleitung	bei mittlerer Beanspruchung im Haushalt	HO 5 VV-F $5 \times 2,5 \text{ mm}^2$
Leichte Gummi-schlauchleitung	für leichte mechanische Beanspruchung in trockenen und feuchten Räumen; nicht für Landwirtschaft und Gewerbe	HO 5 RN-F $3 \times 1,5 \text{ mm}^2$
Schwere Gummi-schlauchleitung	bei mittlerer mechanischer Bean-spruchung in trockenen und feuchten Räumen, auf Baustellen	HO 7 RN-F $3 \times 1,5 \text{ mm}^2$
Gummiaderschnur (z. B. Bügeleisen)	in trockenen Räumen bei geringer mechanischer Beanspruchung	HO 3 RT-F $3 \times 0,75 \text{ mm}^2$

3

Kleine Werkzeugkunde

Grundausstattung
Spezialwerkzeug

Grundausstattung

Bei manchen der hier vorgestellten Werkzeuge wird sich der Heimwerker fragen: Benötige ich das wirklich? Aber ohne gutes Werkzeug sind Elektroarbeiten nicht möglich. Einige einfache Messgeräte sind besonders wichtig, denn elektrische Spannung kann nur mit ihrer Hilfe sichtbar gemacht werden.

Eine Reihe von Elektroarbeiten kann man mit den in den meisten Haushalten vorfindbaren Werkzeugen erledigen. Das sind in der Regel folgende Werkzeuge:

▶ ein kleiner Schraubendreher mit einer 3 mm breiten Klinge
▶ ein Schraubendreher mit einer 5-6 mm breiten Klinge
▶ ein scharfes Messer (Küchenmesser oder Kabelmesser)

Wie bei allen Arbeiten gilt auch hier: Um gute Ergebnisse zu erzielen, muss man gutes Werkzeug verwenden. Bei Werkzeugen für Elektroarbeiten sollte man darüber hinaus darauf achten, dass sie isoliert sind. Dies wird dann wichtig, wenn man unbeabsichtigt spannungführende Teile mit dem Werkzeug berührt.

Ein einfacher Kunststoffüberzug, wie er zum Teil bei Billigwerkzeugen zu finden ist, reicht nicht aus. Ein vorschriftsmäßig isoliertes Werkzeug ist mit dem VDE-Zeichen und dem Spannungsbereich, beispielsweise 1000 V, gekennzeichnet.

Will man mehr machen, als gelegentlich eine Leuchte aufzuhängen, kommt man nicht umhin, sich weiteres Werkzeug zuzulegen:

Zur Werkzeuggrundausstattung gehört ein kleiner, ein mittlerer und ein größerer Schraubendreher

Mit dem Kabelmesser kann man den Leitungsmantel entfernen

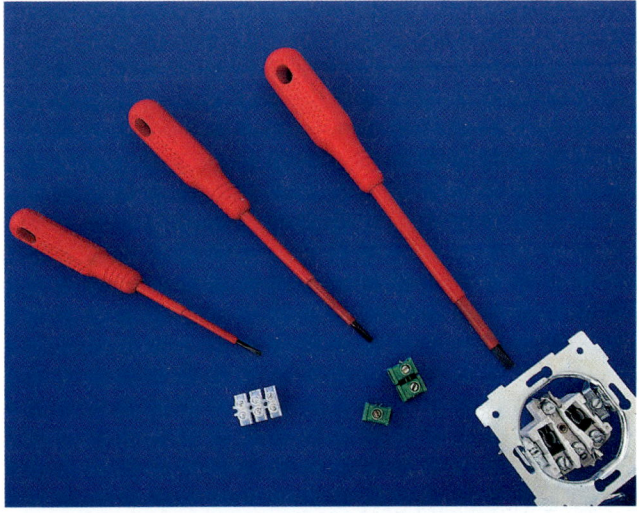

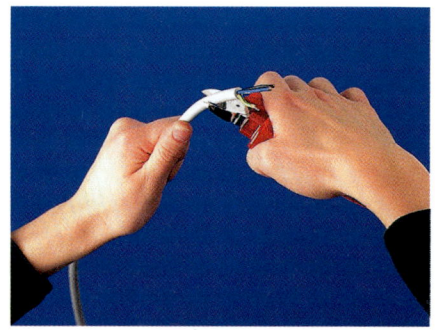

Mittelgroßer Seitenschneider zum Abschneiden der Leitungen

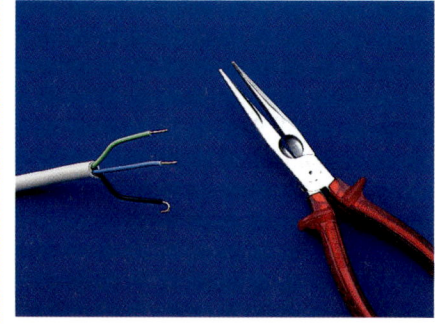

Mit der Spitzzange kann man an schwer zugänglichen Stellen arbeiten und Leitungen kröpfen

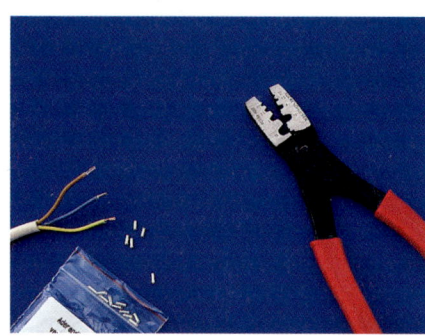

Klemmzange für Aderendhülsen

▶ einen Phasenprüfer (oder Prüf-schraubendreher), mit dem man kontrollieren kann, ob eine Leitung Spannung führt

▶ einen kleinen bis mittelgroßen Seitenschneider zum Abschneiden von Leitungen

▶ eine gerade oder gekröpfte (gebogene) Spitzzange für Arbeiten an schwer zugänglichen Stellen

▶ eine Klemmzange zum Anklemmen von Aderendhülsen an flexible Adern, dazu ein Sortiment von Aderendhülsen für 0,75 mm², 1 mm² und 1,5 mm² Leitungsquerschnitt

▶ einen zweipoligen Spannungsprüfer zum Messen der Spannung und Überprüfen der Leitungen

Die bis jetzt aufgeführten Werkzeuge können als unbedingt notwendige Grundausstattung gelten.

Spezialwerkzeug

Über die Grundausstattung hinaus gibt es eine Reihe von weiteren Werkzeugen, die die Arbeit erheblich erleichtern und deren Anschaffung empfehlenswert ist:

▶ eine Abisolierzange für Aderenden
▶ eine Kombizange
▶ ein Vielfachmessinstrument zum Messen von Spannung, Strom und Widerstand und zur Durchgangsprüfung von Leitungen und Geräten

Weitere, nicht so häufig benutzte Werkzeuge werden jeweils in den einzelnen Arbeitsanleitungen aufgeführt.

Es ist empfehlenswert, sich einen nur für das Elektrowerkzeug vorgesehenen Werkzeugkasten zuzulegen, der außerdem noch das wichtigste Kleinmaterial, wie Anschlussklemmen, Sicherungen, Schrauben, sowie andere Ersatzteile aufnehmen kann.

Prüfschraubendreher

Der einpolige Spannungsprüfer (auch Phasenprüfer genannt) in Form eines kleinen Schraubendrehers ist wohl in jedem Haushalt zu finden. Er zeigt an, ob ein Kontakt, beispielsweise in der Steckdose, oder ein Leiter Spannung führt oder nicht.

Zum Prüfen wird die nicht isolierte Spitze des Spannungsprüfers an die zu prüfende Leitung gehalten und mit einem Finger der Kontakt am anderen Ende des Spannungsprüfers berührt. Steht die Leitung unter Spannung, fließt

Bild links:
Abisolierzange für Aderenden.

Bild rechts:
Zweipoliger Spannungsprüfer (rechts) und Vielfachmessinstrument (links)

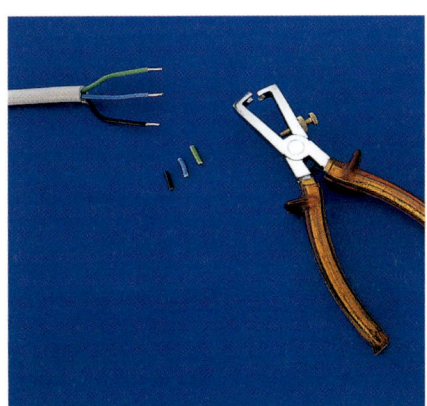

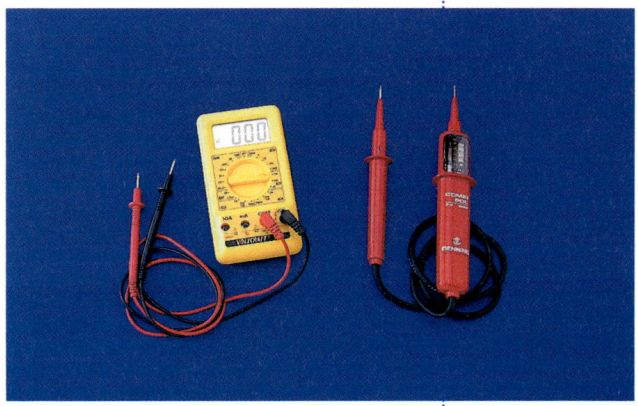

ein kleiner (ungefährlicher) Strom durch den Spannungsprüfer und lässt die innere Glimmlampe aufleuchten.

Der Spannungsprüfer ist zwar schnell und einfach anzuwenden, er hat aber im Gebrauch mehrere Nachteile:

▶ Wenn man gut isoliert steht, leuchtet die Glimmlampe nicht, obwohl Spannung vorhanden ist.
▶ Es gibt Fälle, in denen die Glimmlampe leuchtet, obwohl keine Spannung anliegt (Aufladung der Leitung).
▶ Die Höhe der Spannung wird nicht angezeigt.
▶ Man kann den Nullleiter und Schutzleiter nicht prüfen.

Der Prüfschraubendreher sollte nicht verwendet werden, um festsitzende Schrauben zu lösen oder Schrauben fest anzuziehen. Es besteht dadurch die Gefahr einer inneren Beschädigung, so dass die Leuchtanzeige nicht mehr zuverlässig arbeitet.

Beim Kauf eines Spannungsprüfers sollte man darauf achten, dass er nicht zerlegbar ist. Wird bei einer Demontage – mit oder ohne Absicht – der eingebaute Widerstand entfernt, besteht die Gefahr eines Stromschlages bei der Anwendung des Spannungsprüfers.

Fortgeschrittene Heimwerker wie auch der Elektriker werden aus diesen Gründen in der Regel mit dem zweipoligen Spannungsprüfer arbeiten, der jene Nachteile ausschließt.

Elektrowerkzeugkasten

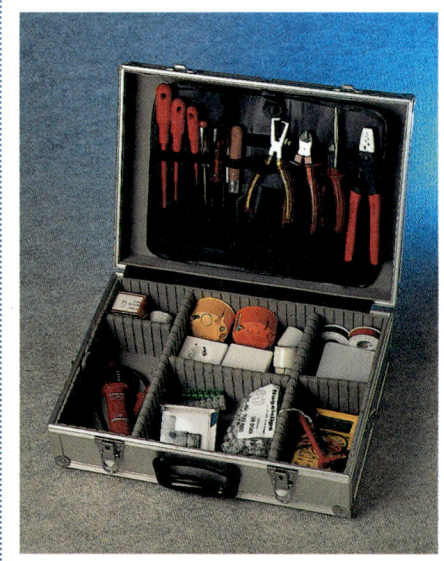

Mit dem einpoligen Spannungsprüfer kann man kontrollieren, an welchem Kontakt Phase anliegt

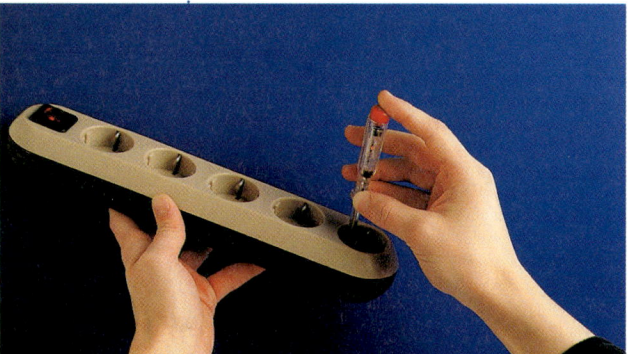

GEWUSST WIE

Vor dem Benutzen des Spannungsprüfers an einer funktionsfähigen Steckdose überprüfen, ob er Spannung anzeigt. Nur dadurch kann man sich bei der Arbeit auf seine Anzeige verlassen.

Spannungsprüfer

Der zweipolige Spannungsprüfer hat gegenüber dem einpoligen Phasenprüfer oder Prüfschraubenzieher den Vorteil, dass man feststellen kann,

▶ wie hoch die Spannung ist (das ist beispielsweise wichtig zum Unterscheiden von 230 V und 400 V),

▶ ob tatsächlich Spannung vorliegt (die Glimmlampe des Prüfschraubenziehers leuchtet dagegen auch bei einer Aufladung der Leitung oder einer Blindspannung),

▶ ob Nullleiter oder Schutzleiter angeschlossen sind.

Zum Messen werden die beiden Prüfspitzen des Spannungsprüfers angelegt, zum Beispiel an die beiden Kontakte einer Steckdose. Wenn das Zeichen „R" des Spannungsprüfers aufleuchtet, ist

Die Prüfspitzen des Spannungsprüfers dürfen während der Messung auf keinen Fall berührt werden, da sie unter Spannung stehen können. Aus Sicherheitsgründen darf der Spannungsprüfer nur so verwendet werden, dass man beide Hände frei hat und mit jeweils einer Hand einen der beiden Handgriffe anfasst.

Spannung vorhanden. Das Messwerk zeigt dann an der Skala die Spannungshöhe an, beispielsweise 230 V oder 400 V.

Diese Beschreibung gilt für den abgebildeten Spannungsprüfer. Bei anderen Fabrikaten wird möglicherweise anders gearbeitet. Die genaue Vorgehensweise ist deshalb der jeweils beiliegenden Bedienungsanleitung zu entnehmen.

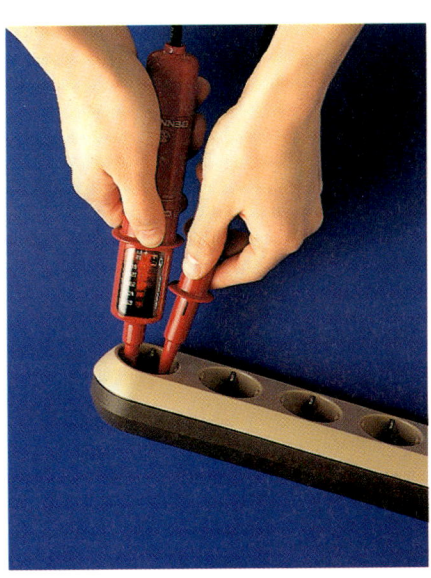

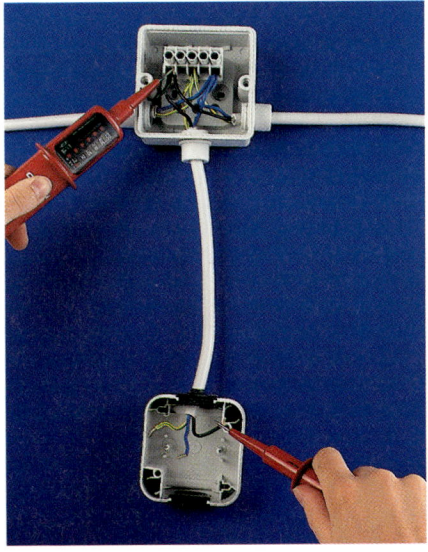

Bild links: Die Prüfspitzen des Spannungsprüfers werden an die Kontakte der Steckdose gehalten. Das Messwerk zeigt die Spannung an

Bild rechts: Mit dem Spannungsprüfer kann man herausfinden, welche Leitung zu welchem Anschluß gehört. Bei Durchgang leuchtet das Symbol „R" auf

Durchgangsprüfung

Als Durchgangsprüfung bezeichnet man das Prüfen von Leitungen oder Geräten mit einem Durchgangsprüfer.

Als Durchgangsprüfer kann der auf Seite 33 abgebildete Spannungsprüfer oder ein Vielfachmessinstrument verwendet werden. Die Prüfspitzen werden an die beiden Enden einer Leitung gehalten, dadurch kann ein Strom durch die Leitung fließen. Der Spannungsprüfer zeigt den Durchgang mit dem Symbol „R" an. Im Vielfachmessinstrument ist ein Summer eingebaut, der bei Durchgang ertönt.

Die Durchgangsprüfung ist vor allem für folgende Aufgaben zu gebrauchen:

GEWUSST WIE

Die zu untersuchenden Leitungen müssen spannungsfrei sein. Wenn Spannung anliegt, kann der Durchgang nicht gemessen werden, das Vielfachmessinstrument kann darüber hinaus beschädigt werden.

▶ Prüfen einer Leitung auf Durchgang
▶ Suchen von zugehörigen Leitern, beispielsweise wenn in einer Verteilerdose einzelne Leiter nicht an der Farbe unterschieden werden können
▶ Prüfen von Glühlampen oder auch der Wicklung eines Elektromotors auf Durchgang

Bild links: Mit dem Vielfachmessinstrument kann man ebenfalls die Leitungen prüfen. Bei Durchgang ertönt der eingebaute Summer

Bild rechts: Auch Glühlampen und Elektrogeräte können mit dem Spannungsprüfer auf Durchgang kontrolliert werden

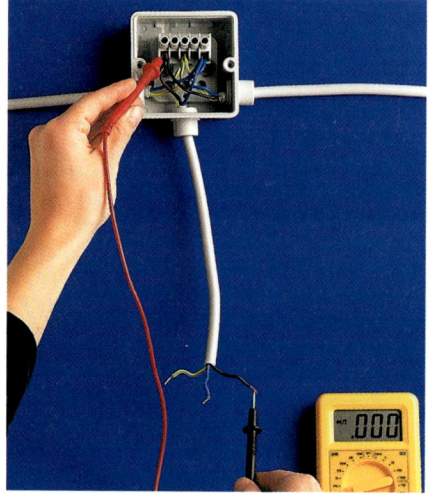

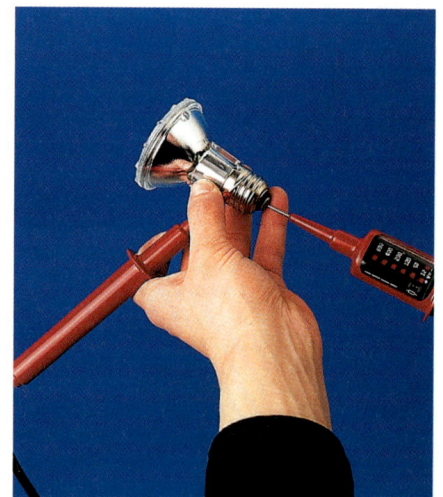

4

Arbeiten an Zuleitungen und Geräten

Stecker und Kupplung ersetzen

Fehlersuche bei elektrischen Kleingeräten

Austausch der Bügeleisenanschlussleitung

Stecker und Kupplung ersetzen

Einige der hier vorgestellten Arbeiten mögen einem fortgeschrittenen Heimwerker banal erscheinen. Aber: Ein großer Teil der Elektrounfälle entsteht beispielsweise, weil der Schutzleiter nicht richtig angeklemmt ist. Leider kann man auch bei den einfachsten Arbeiten Fehler machen. Darüber hinaus entwickeln sich die Technik und ihre Anwendung ständig weiter.

Beim täglichen Gebrauch von Elektrogeräten treten immer wieder Störungen und kleinere Schäden auf. Eine Reparatur in der Werkstatt eines Elektrikers oder die Anforderung des Kundendienstes lohnen nicht, da die Reparaturkosten oft den Wert des Gerätes übersteigen. Ähnlich verhält es sich beim Anschluss von Lampen oder kleinen Elektrogeräten – kaum ein Handwerker ist dafür zu begeistern.

Es heißt also, selbst Hand anzulegen. Viele dieser Arbeiten sind mit entsprechendem Werkzeug recht einfach durchzuführen. Auf den folgenden Seiten werden die Arbeitsabläufe ausführlich dargestellt. Darunter sind auch solche, wie zum Beispiel das Auswechseln eines Steckers, die viele Heimwerker „mit links" durchführen. Auch in diesem Fall sollte die Anleitung aufmerksam durchgelesen werden. Sie dient dann zumindest als Kontrolle.

Fehlersuche und Reparatur

Viele kennen den Ärger: Im Stecker beginnt es zu knistern, es riecht verschmort, und es wird dunkel im Raum. Anschluss- und Verlängerungsleitung sind nicht mehr zu verwenden.

Die Ursache dafür ist in der Regel ein lockerer Kontakt im Stecker. Dadurch wird der Widerstand für den fließenden Strom erhöht, es entsteht zu viel Wärme, und die Kontaktstelle verschmort.

Der Schaden bleibt häufig auf den Stecker begrenzt, da sich die Sicherung durch den zu hohen Strom abschaltet. Dieser Fehler tritt sowohl bei fest mit dem Kabel verschweißten Steckern als auch bei verschraubten auf.

Den Stecker aus der Steckdose ziehen. Ist der Stecker äußerlich beschädigt, vorher die Sicherung abschalten oder herausdrehen, damit die Leitung spannungsfrei ist. Der Stecker wird aufgeschraubt und der Fehler gesucht. Bei einem fest mit dem Kabel verschweißten Stecker ist keine Reparatur, sondern nur ein Austausch möglich. In diesem Fall wird der Stecker abgeschnitten und ein neuer entsprechend der folgenden Anleitung montiert.

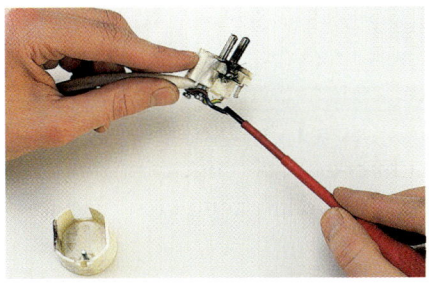

Die Kabelenden im Stecker werden gelöst. Die beschädigte Leitung wird so weit wie nötig abgeschnitten

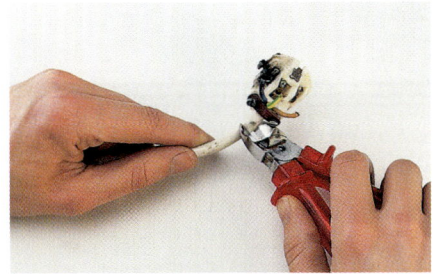

Ist dies nicht möglich, weil der Stecker zu stark beschädigt ist, wird er mit dem Seitenschneider abgeschnitten

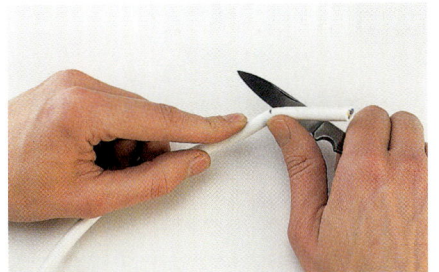

Die äußere Isolierung der Leitung (der Mantel) wird etwa 4 cm weit entfernt. Das Maß richtet sich nach dem Stecker

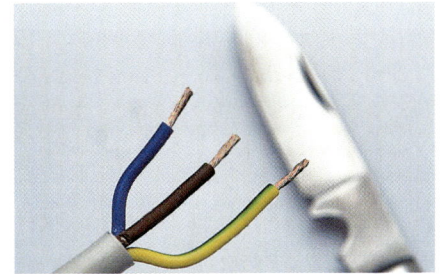

Beim Entfernen des Mantels darf die farbige Isolierung der Adern auf keinen Fall beschädigt werden

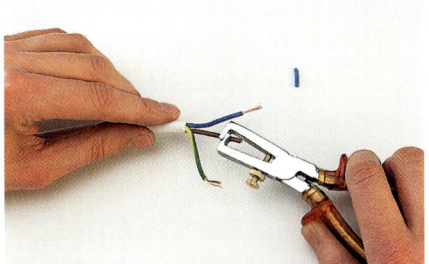

Alle drei Leiter werden auf einer Länge von etwa 5 mm abisoliert. Dazu ist die Abisolierzange geeignet, es kann aber auch mit dem Messer geschehen

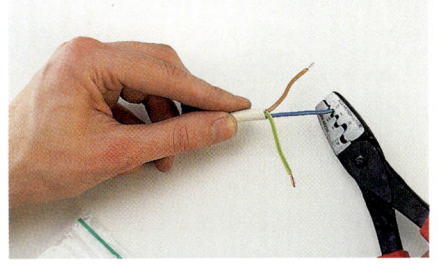

Die Aderendhülse hat einen zur Leitung passenden Durchmesser und wird auf das abisolierte Ende aufgeschoben und mit der Quetschzange zusammengedrückt

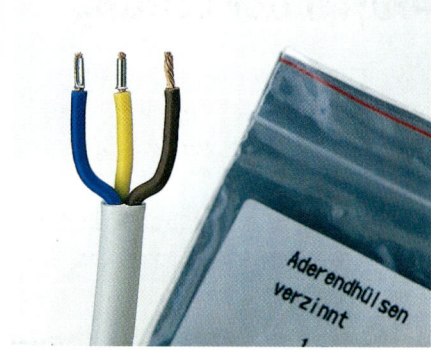

Die Aderendhülse schützt die Verbindung gegen Aufspleißen, und das Kabel lässt sich leichter einführen

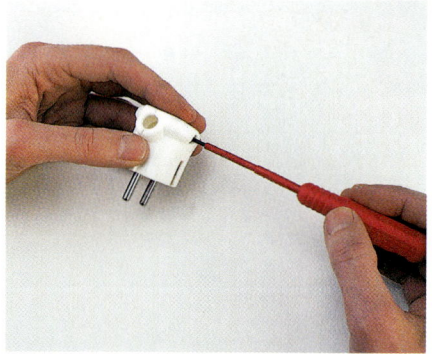

Der neue Stecker wird geöffnet. In den meisten Fällen ist dafür lediglich eine Schraube zu lösen

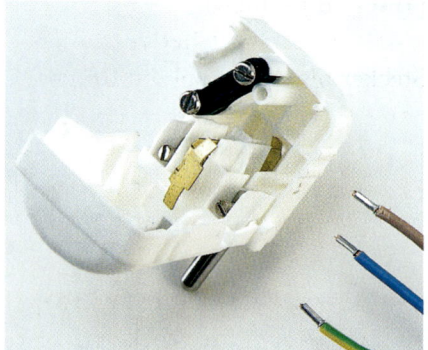

Es gibt verschiedene Bauformen und Montagemöglichkeiten. Dies ist ein Klappstecker

Die Schrauben für den Anschluss der Adern und die Zugentlastung werden gelöst

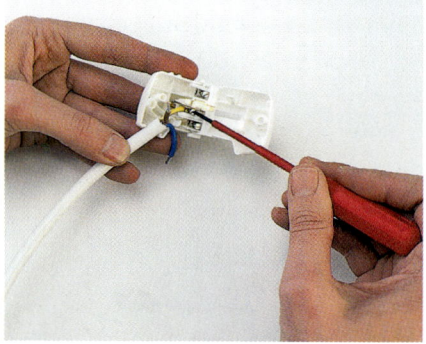

Zunächst wird der grün-gelbe Schutzleiter an der mittleren Schraube befestigt (Zeichen für Schutzleiter ⏚). Daraufhin werden der braune und der blaue Leiter an jeweils einen Steckkontakt angeklemmt

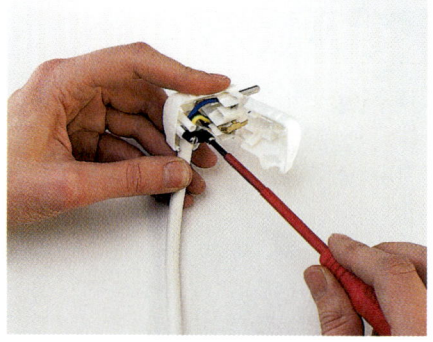

Mit der Zugentlastung wird die Leitung an der äußeren Isolierung so festgeklemmt, dass eine Belastung der Leitung hier aufgefangen wird. Die farbigen Adern liegen unbelastet im Gehäuse

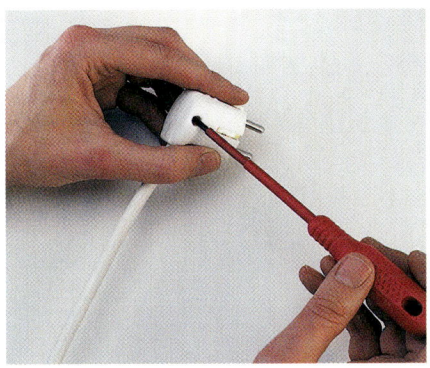

Das Steckergehäuse wird geschlossen und zugeschraubt – vorher unbedingt eine letzte Sichtkontrolle durchführen

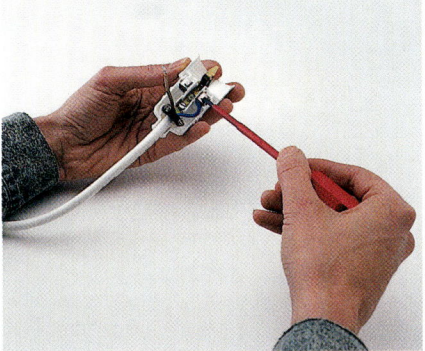

An der Kupplung wird die gleiche Reparatur genauso durchgeführt. Auch hier muss der Schutzleiter an der mittleren Klemme angeschlossen wird

GEWUSST WIE

Der grün-gelbe Schutzleiter soll bei der Montage im Stecker 5 bis 10 mm länger sein als der braune und der blaue Leiter. Hiermit wird erreicht, dass bei einem Herausreißen der Leitung aus dem Stecker der Schutzleiter zuletzt abgetrennt wird. Er behält dadurch auch bei Schäden länger seine Schutzwirkung.

Prüfen der Leitung

Vor dem Zusammenbau werden Stecker und Kupplung überprüft:
► Ist der Schutzleiter richtig angeschlossen?
► Sind blauer und brauner Leiter jeweils an einem Steckkontakt angeschlossen?
► Ist die Zugentlastung wirksam?

Nach dem Zusammenbau der Leitung wird mit dem Durchgangsprüfer kontrolliert:
► Hat der Schutzleiter vom Stecker bis zur Kupplung Durchgang?
► Haben die beiden spannungführenden Leiter Durchgang vom Stecker bis zur Kupplung?

Der Stecker der fertig montierten Leitung wird in die Steckdose gesteckt und an der Kupplung mit dem Spannungsprüfer kontrolliert:
► Liegt die Phase auf einer der beiden Steckbuchsen?
► Kann zwischen den beiden Steckbuchsen 230 V gemessen werden?
► Falls ein Fehlerstromschutzschalter mit 30 mA oder geringer vorhanden ist, muss er ausschalten, wenn man Phase und Schutzleiter probeweise mit dem zweipoligen Spannungsprüfer verbindet.

Gummisteckverbindung für „Härtefälle". Sie wird aus Industriekautschuk hergestellt und ist besonders bruchsicher (beide Abbildungen)

Fehlersuche bei elektrischen Kleingeräten

Häufig treten an elektrischen Kleingeräten, wie Bügeleisen, Haartrockner oder Küchenmixer, Störungen auf. Das Gerät kann nicht mehr benutzt werden, und man steht vor der Frage, woran das eigentlich liegt. Die Fehlerursachen sind nicht selten geringfügig. Vielleicht hat sich nur ein Kontakt gelockert, den man durch systematisches Suchen schnell finden kann. Unter Umständen kann es selbst bei billigen Geräten sinnvoll sein, ein beschädigtes Teil gegen ein neues Ersatzteil auszutauschen, wenn man den Fehler eindeutig erkannt hat.

Auf keinen Fall sollte man versuchen, Schäden mit untauglichen Mitteln zu beheben. Das wäre beispielsweise der Fall, wenn man nicht passende Teile einbaut, Anschlüsse willkürlich verändert oder versucht, zerbrochene Teile mit Klebeband zusammenzuhalten. Grundsatz bei allen Reparaturen sollte sein, dass das Gerät in einen neuwertigen Zustand versetzt wird. Behelfsmäßige Lösungen sind aus Gründen der elektrischen Sicherheit nicht zulässig. Und so ist bei der Fehlersuche vorzugehen:

Bei älteren Geräteanschlussleitungen kann die Ummantelung brüchig werden. Schon bei kleinsten Beschädigungen muss die Leitung deshalb ausgetauscht werden, damit es nicht so weit kommt wie auf diesem Bild

Funktionskontrolle

Sind nur Teile der Gerätefunktion beeinträchtigt, oder ist das Gerät in seiner Gesamtheit betroffen? Daraus lassen sich Rückschlüsse auf die Fehlerursache ziehen

Sichtkontrolle

Stecker, Anschlussleitung und Gerät werden äußerlich kontrolliert. Fehler machen sich häufig durch Schmauchspuren, Geruch angeschmorter Teile oder Geräusche bemerkbar

Kontaktlockerung?

Der Netzstecker wird aus der Steckdose gezogen. Das Gerät wird geöffnet, und alle Kontakte werden überprüft

Durchgangsprüfung

Scheinen bei einem Gerät bei der Sichtprüfung alle Leitungen in Ordnung und alle Kontakte fest, muss eine Durchgangsprüfung gemacht werden. Auch diese Prüfung darf auf keinen Fall mit Netzspannung gemacht werden. Das heißt: Netzstecker ziehen oder bei fest angeschlossenen Geräten die Anschlussleitung lösen. Für die Prüfung benötigt man den im Kapitel „Durchgangsprüfung" beschriebenen Durchgangsprüfer.

Zunächst verbindet man bei eingeschaltetem Geräteschalter die Kontakte des Durchgangsprüfers mit den Stiften des Netzsteckers. Bei Leuchten muss eine funktionsfähige Glühlampe eingeschraubt sein, um Durchgang zu erreichen.

Gibt der Durchgangsprüfer kein Signal, müssen nach und nach alle Leitungsabschnitte und Bauteile überprüft werden. Das bedeutet zum Beispiel eine Kontrolle des Leitungsabschnitts vom Netzstecker zum Geräteschalter, des Geräteschalters, der Wicklungen und Motoren, der Kontrollleuchten und Glühlampen sowie der Rückleitung zum Netzstecker.

Bei den meisten elektrischen Bauteilen muss der Durchgangsprüfer ein Signal geben, damit können die Teile überprüft werden. Es gibt allerdings auch Geräte wie Leuchtstofflampen und elektronische Bauteile, die sich so nicht prüfen lassen. In diesem Fall hilft möglicherweise der Einbau in ein funktionsfähiges Gerät der gleichen Bauart oder ein Austausch auf Verdacht.

Austausch der Bügeleisenanschlussleitung

Durch ständige Bewegung nutzt sich die Anschlussleitung am Bügeleisen recht schnell ab. Diese Leitung hat als äußere Isolierung anstatt der Kunststoffummantelung wie bei anderen Geräten eine Gewebeumhüllung. Zunächst scheuert das Gewebe durch. Häufig ist die darunter liegende Kunststoffisolierung der einzelnen Adern brüchig geworden. Da der Anschluss am Bügeleisen stark belastet wird, ist es leichtsinnig, diese Stelle mit Isolierband oder anderen Mitteln behelfsmäßig zu flicken. Der Anschluss muss auf jeden Fall erneuert werden. Dabei gibt es zwei

Möglichkeiten: Man verkürzt die Leitung genau um das beschädigte Stück, oder man ersetzt die ganze Anschlussleitung.

Bei dieser Gelegenheit hat man die Möglichkeit, die Länge der oft zu kurzen Leitung, abhängig von den örtlichen Gegebenheiten, festzulegen. Bei einem Ersatz der Leitung muss man auf jeden Fall wieder eine Leitung mit Gewebeummantelung wählen.

GEWUSST WIE

➜ Vor dem Zusammenbau des Gerätes nochmals alle Anschlüsse anhand der Skizze überprüfen.

➜ Ist der Schutzleiter richtig angeschlossen?

➜ Nach dem Zusammenbau muss eine Funktionskontrolle durchgeführt werden.

Reparatur

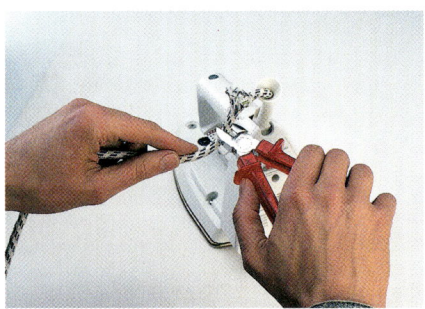

Das Bügeleisen wird — je nach Modell unterschiedlich — durch Entfernen der Abdeckplatte geöffnet. Der beschädigte Teil der Leitung wird abgeschnitten

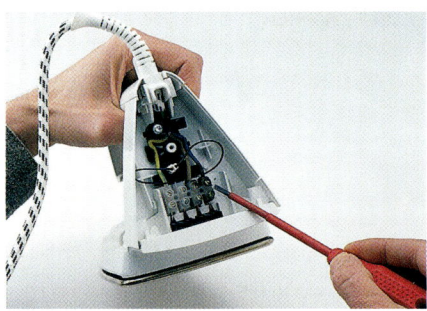

Die freigelegten Anschlüsse werden kontrolliert. Bei diesem Bügeleisen ist ein Kontakt verschmort. Er muss bei dieser Gelegenheit mit erneuert werden

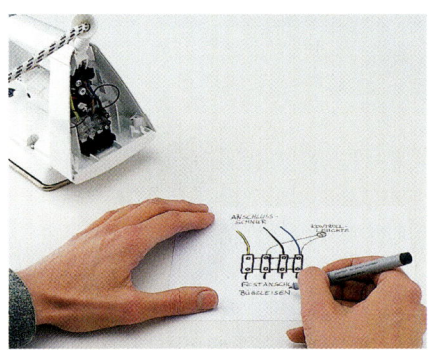

Vor dem Entfernen der Leitung fertigt man zweckmäßigerweise eine Skizze an, auf der die Lage der Adern und ihre Kennfarben festgehalten werden

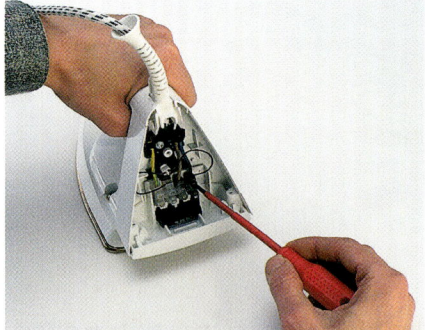

Alle Anschlüsse werden abgeklemmt. Falls die Anschlussklemme für eine Wiederverwendung zu stark beschädigt ist, muss sie ebenfalls ausgebaut werden

Adern die sich nicht mit dem Schraubendreher lösen lassen, werden mit dem Seitenschneider abgeschnitten

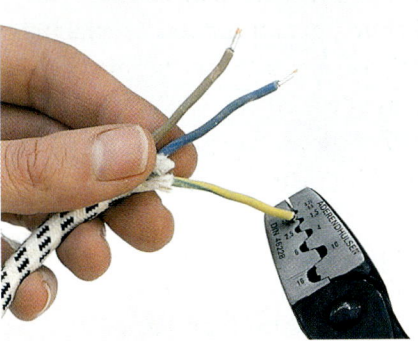

Falls es notwendig ist, werden auch die
Aderenden mit neuen Aderendhülsen
versehen

An der Anschlussleitung wird die Gewebeumhüllung so weit abgeschnitten, wie
es für den Anschluss im Bügeleisen notwendig ist

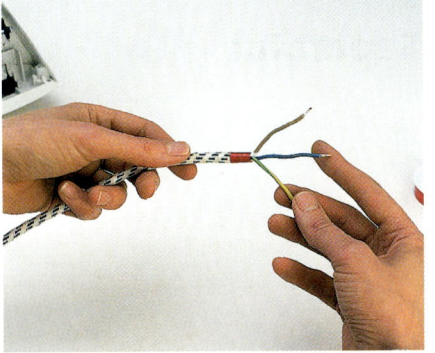

Die Gewebeumhüllung wird mit einem
Stück Isolierband gesichert. An dieser
Stelle wird die Leitung später in der Zug-
entlastung befestigt

Leitung und Bügeleisenkontakte werden
anhand der Skizze in einer neuen Anschlussklemme miteinander verbunden.
Dafür kann man häufig Lüsterklemmen in
passender Größe verwenden

Mit der Zugentlastung wird die Leitung
befestigt. Zum Schluss wird das Bügeleisen wieder zusammengebaut

5

Glühlampen und Leuchten

Leuchten und Strahler montieren und auswechseln

Leuchtstofflampen

Halogenlampen

Aussenleuchten

Leuchten und Strahler montieren und auswechseln

Gutes Licht schont die Augen und kann dem Raum unterschiedliche Stimmungen verleihen. Arbeiten und Reparaturen an der Beleuchtung sind im Haushalt fast alltäglich und müssen fachgerecht durchgeführt werden, damit von der Beleuchtung keine Gefährdung ausgeht.

Wand und Deckenleuchten werden mit Lüsterklemmen an Phase und Nullleiter angeschlossen. Der grün-gelbe Schutzleiter wird ebenfalls mit einer Lüsterklemme oder an einer besonders dafür vorgesehenen und mit ⏚ gekennzeichneten Klemmschraube angeschlossen. Leuchten, deren Gehäuse aus Kunststoff besteht, benötigen kei-

nen Schutzleiteranschluss. In diesem Fall wird der Schutzleiter der Zuleitung nicht abisoliert und nur in der Anschlussdose beigelegt.

Flexible Adern bei Leuchten werden vor der Montage mit Aderendhülsen versehen, wie es im Kapitel „Stecker und Kupplung ersetzen" beschrieben wurde.

Die Anschlüsse der Leuchte werden ihren Farben entsprechend mit einer Lüsterklemme miteinander verbunden.

GEWUSST WIE

Auch Schutzleiter, die nicht an der Leuchte angeklemmt sind, müssen in der Verteiler-oder Abzweigdose angeschlossen sein. Es darf keine Schutzleiter ohne Anschluss in der Installation geben.

Bild oben:
Die Leuchte wird mit einer Lüsterklemme an die Zuleitung angeschlossen

Bild unten:
Lüsterklemme und Zuleitung werden vom Leuchtenfuß abgedeckt. Der Strahler wird mit Holzschrauben befestigt

Handelsübliche Fassungen für Glühlampen gibt es in zwei genormten Gewindegrößen:

➡ E 14 und

➡ E 27

E bedeutet Elektrogewinde, die Zahl gibt (etwa) den Außendurchmesser des Gewindes an.

Der Nullleiter wird an die Anschlussklemme angeschlossen, die mit dem Schraubgewinde der Lampenfassung verbunden ist. Würde die Phase mit dem Schraubgewinde verbunden, könnte man unter Umständen beim Auswechseln der Glühlampe einen elektrischen Schlag bekommen.

Besteht bei Kunststoffleuchten keine Anschlussmöglichkeit für den Schutzleiter, wird er so beigelegt, damit er nicht stört.

Wird ein Anschluss direkt an der Lampenfassung vorgenommen, ist es empfehlenswert, Silikonschläuche über die Enden zu ziehen. Silikon ist hitzebeständiger als die Aderisolierung und verhindert dadurch bei starker Erwärmung, dass die Isolierung verschmort und beschädigt wird. Die Folge wäre ein Kurzschluss.

Kurze Silikonschlauchstücke sind neuen Leuchten oft beigelegt.

Bei Reparaturen oder Arbeiten an älteren Leuchten erkennt man gut, wie die Isolierung unter der Wärmeeinwirkung gelitten hat. In diesem Fall sollte man sich beim Elektriker Silikonschlauch besorgen und ihn nachträglich überziehen.

Strahler mit Glühlampen oder Halogenleuchten entwickeln eine starke Wärmestrahlung. Sie müssen deshalb mit einem Mindestabstand zur angestrahlten Fläche montiert werden, da sonst Brandgefahr besteht. Auf den Leuchten ist dieser Mindestabstand angegeben. Wenn auf der Leuchte nichts anderes angegeben ist, gilt:

Bei Anschlüssen direkt an der Lampenfassung werden als Wärmeschutz Silikonschläuche übergeschoben. Diese liegen der Leuchte in der Regel bei

Lampen-leistung	Mindest-abstand
100 W	0,5 m
300 W	0,8 m

Leuchtstofflampen

euchtstofflampen, häufig fäl-
schlich auch als Neonlampen
bezeichnet, haben gegenüber
Glühlampen den Vorteil, dass sie
bei gleicher Lichtstärke weniger
Energie verbrauchen. Für den Betrieb einer Leuchtstofflampe werden ein Vorschaltgerät, ein Kom-
pensationskondensator und ein
Starter benötigt. Diese Teile sind
in der Regel im Lampengehäuse
montiert.

Trotz dieses gegenüber einer
Glühlampe komplizierteren Auf-
baus ist der elektrische Anschluss
denkbar einfach. Es müssen lediglich die Phase, der Nullleiter und
der Schutzleiter an den Anschlussklemmen im Lampengehäuse angeschlossen werden. Die anderen
innerhalb des Leuchtenkörpers zugänglichen Anschlüsse werden
nicht verändert.

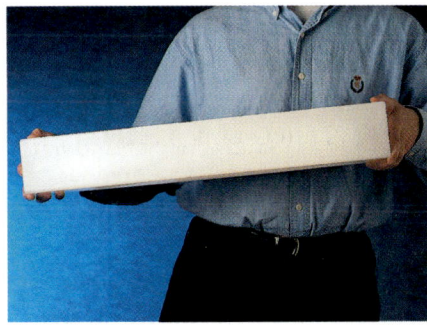

Leuchtstoff-
leuchten geben
gleichmäßiges
Licht bei gerin-
gerem Strom-
verbrauch

▶ Nach dem Einschalten beginnt
die Leuchtstoffröhre lediglich zu
glimmen, und das typische
Flackern setzt nicht ein.
➔ Der Starter ist defekt und muss
ausgetauscht werden.

In den letzten Jahren sind neue
Bauformen von Leuchtstofflampen
entwickelt worden, sie werden
auch als Sparlampen bezeichnet.

Der elektrische
Anschluss der
Leuchtstofflampe

Störungen beheben

Nach längerem Betrieb von
Leuchtstofflampen können sich
zwei unterschiedliche Störungen
bemerkbar machen:
▶ Nach dem Einschalten flackert
die Leuchtröhre ständig.
➔ Die Leuchtstoffröhre ist defekt
und muss ausgetauscht werden.

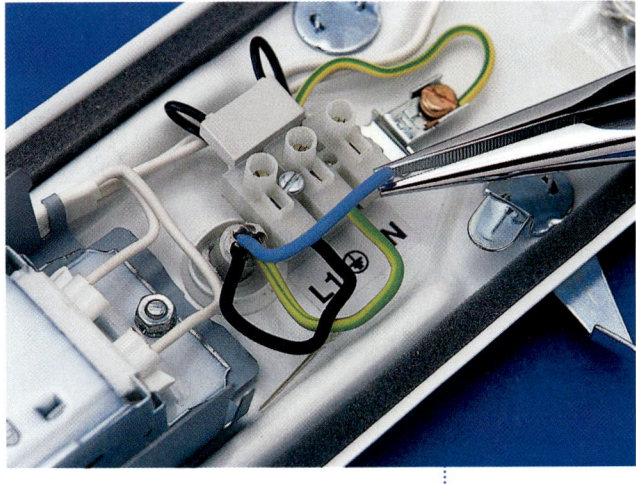

Einsetzen eines neuen Starters

Beim Anschluss einer Kompaktleuchtstofflampe müssen Nullleiter und Phase richtig angeschlossen werden. Ein Schaltbild ist auf dem Vorschaltgerät oder liegt der Montageanleitung bei. Die Komptaktleuchtstofflampe wird in die Fassung eingesteckt

Die Kompaktlauchtstofflampe hat ein klares Licht bei geringem Stromverbrauch und langer Lebensdauer

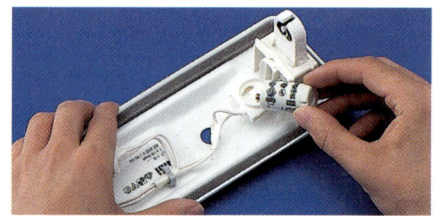

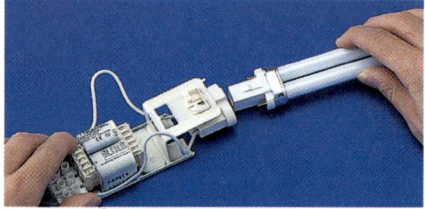

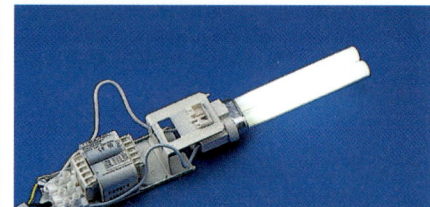

GEWUSST WIE

Defekte Leuchtstoffröhren dürfen nicht zerschlagen werden und gehören nicht in den Hausmüll, da gesundheitsgefährdender Quecksilberdampf entweicht. Sie sollten deshalb an einer Sondermüllsammelstelle abgegeben werden.

Dadurch ist es beispielsweise möglich, eine Glühlampe mit Schraubfassung durch eine Leuchtstofflampe zu ersetzen, bei der das Vorschaltgerät in der Fassung integriert wird.

Halogenlampen

Im Wohnbereich setzen sich Halogenlampen, die im Privatbereich schon bei Autoscheinwerfern oder Diaprojektoren verwendet werden, immer mehr durch.

Eine Halogenlampe ist im Vergleich zur normalen Glühlampe drastisch verkleinert. Der Lampenkolben aus Quarzglas ist mit Halogenen gefüllt, die eine besondere physikalische Wirkung haben. Sie fangen die an der Glühwendel verdampften Wolframteilchen in der kühleren Außenzone der Lampe

ein und verhindern dadurch eine Schwärzung wie bei der herkömmlichen Glühlampe. In der Innenzone an der heißen Wendel zerfallen die Wolfram-Halogen-Verbindungen wieder, das Wolfram lagert sich an der Wendel ab, und das Halogen wird wieder frei.

Da sich dieser Prozess ständig wiederholt, hat die Halogenlampe eine deutlich längere Lebensdauer. Die Lichtausbeute bleibt ständig gleich, da der Kolben nicht schwarz wird. Halogenlampen erzeugen ein angenehmes, „frisch" wirkendes Licht mit einer guten Farbwiedergabe. Bei gleicher elektrischer Leistung erhält man durch die hohe Wendeltemperatur mehr Licht als von einer Glühlampe.

Halogenlampen können auch mit einem Dimmer verwendet werden. Bei der Auswahl des Dimmers ist darauf zu achten, dass er für den Betrieb mit Trafo geeignet ist.

Es gibt zwei grundsätzliche Bauformen von Halogenlampen: die Niedervolt- und die Hochvoltlampe. Niedervoltlampen werden mit einer Spannung von 6, 12 oder 24 V betrieben, sie müssen deshalb mit einem Transformator angeschlossen werden. Hochvoltlampen eignen sich für den direkten Netzanschluss. Sie haben einen Bajonettsockel oder Schraubsockel wie eine Glühlampe und können in vielen Leuchten anstelle normaler Glühlampen eingesetzt werden.

Installation von Niedervolt-Halogenleuchten

Bei der Verwendung von Niedervolt-Halogenlampen ist ein Trafo erforderlich. Bei Tisch- und Stehlampen ist er bereits häufig im Leuchtenfuß eingebaut. Bei der Installation von Decken- oder Wandleuchten wird der Trafo an einer geeigneten Stelle untergebracht.

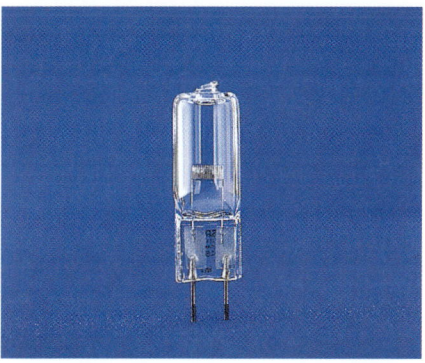

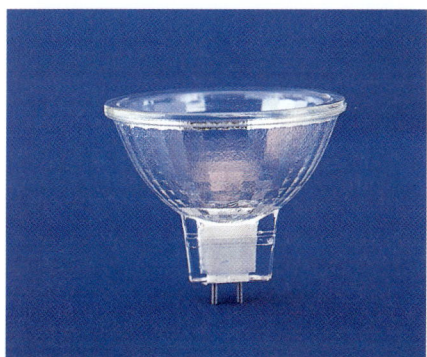

Ein Größenvergleich: Halogenleuchte und Glühlampe

Bild oben: Niedervolt-Halogenlampe. Anwendung: in Leuchten mit eingebautem Reflektor, Akzentbeleuchtung für Wohnbereiche, Vitrinen, Ausstellungen u. a.

Bild mitte: Niedervolt-Halogen-Reflektorlampe. Besonders gute Lichtbündelung durch präzise Justierung der Lampe im Reflektor. Anwendung: Akzentbeleuchtung in Wohnungen, Schaufenstern und Ausstellungen

Bild unten: Niedervolt-Halogen-Reflektorlampe mit Schraubsockel zum Austausch gegen Glühlampen

Installation von Halogenleuchten mit einer Ringleitung (oben)

Sternförmige Installation von Halogenleuchten. Durch diese Anordnung können die Leitungsverluste verringert werden, die Lichtausbeute wird höher (unten)

Installation mit einer Ringleitung

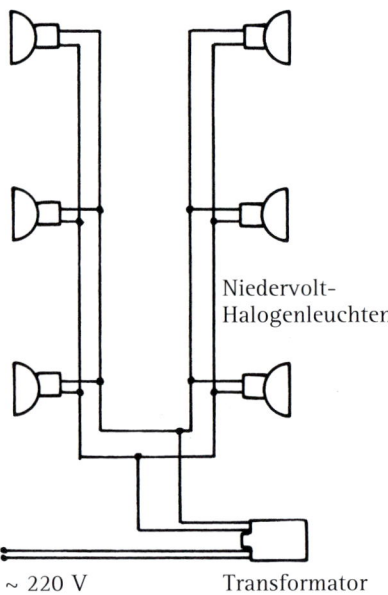

Niedervolt-Halogenleuchten

~ 220 V   Transformator

Sternförmige Installation von Halogenleuchten

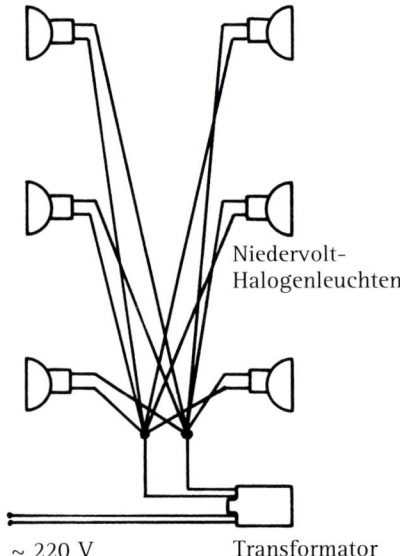

Niedervolt-Halogenleuchten

~ 220 V   Transformator

Dabei sollte man darauf achten,
▶ dass der Trafo jederzeit leicht zugänglich ist, um eine ausgefallene Sicherung problemlos ersetzen zu können,
▶ dass der Trafo so montiert wird, dass keine Schwingungen übertragen werden, um Brummgeräusche zu vermeiden,
▶ dass der Trafo möglichst dicht an der Lichtquelle angebracht ist.

Bei Niedervoltinstallationen fließen verhältnismäßig hohe Ströme, deshalb spielen Leiterlänge und Leiterquerschnitt eine wichtige Rolle, da durch den Widerstand der Leitung der Lichtstrom vermindert wird.

Bei einer Lichtstromminderung von zehn Prozent ist beispielsweise bei einer 12-V/80-W-Halogenlampe folgender Leitungsquerschnitt erforderlich:

Leitungslänge	Querschnitt
2,5 m	1,5 mm^2
5 m	4 mm^2
7,5 m	6 mm^2
10 m	6 mm^2
15 m	10 mm^2

Aus diesem Grund bietet sich häufig eine sternförmige Installation an, da die Wärmebelastung der einzelnen Leitungen dadurch verringert und die Lichtausbeute verbessert wird.

Außenleuchten

Außenleuchten müssen vor eindringendem Regenwasser geschützt sein. Es dürfen deshalb nur tropf- oder spritzwassergeschützte Leuchten mit den Kennzeichen ⬛ oder ⚠ verwendet werden. Bei diesen Leuchten ist auch die Glühlampe zusätzlich geschützt, in der Regel durch eine Glaskugel oder eine Abdeckung. Dies ist vor allem deshalb nötig, weil ungeschützte Glühlampen platzen, wenn sie in heißem Zustand nass werden.

Bei einer Wandleuchte, die am Haus montiert wird, ragt in der Regel ein bereits dafür vorgesehenes Stück Leitung aus der Wand. Die Leuchte wird auf diesem Anschluss mit Dübeln befestigt und mit Lüsterklemmen angeschlossen. Je nach Material und Ausführung der Leuchte hat sie die Schutzklasse I und muss mit Schutzleiter angeschlossen werden. Bei Schutzklasse II (Schutzisolierung) kann auf den Anschluss des Schutzleiters verzichtet werden.

Wenn Sie für eine Außenleuchte eine neue Leitung verlegen, verwenden Sie am besten schwarzes Kabel (Kurzzeichen NYY). Feuchtraumleitung (NYM) kann auch verwendet werden, sollte aber vor Sonnenlicht geschützt verlegt sein (im Erdreich nur in Schutzrohren). Als bewegliche Leitungen sind im Außenbereich mindestens mittelschwere Gummischlauchleitungen erforderlich.

Infrarotschalter

Man nähert sich dem Haus, und das Licht geht selbsttätig an. Auslöser ist ein Infrarotschalter, der auf Wärmestrahlung reagiert.

Der Unterschied zwischen der Temperatur eines Menschen und der Umgebung wird vom Infrarotschalter genauso bemerkt wie die Wärmestrahlung eines Autos, das sich dem Schalter nähert.

Der Infrarotschalter ist dadurch für eine Vielzahl von Schalt- und Überwachungsaufgaben geeignet. So kann der Zuweg zu einem Wohnhaus kontrolliert werden:

An der Hauswand montierter Infrarotschalter

Ansprechbereiche eines Infrarotschalters. Durch Veränderung der Neigung kann der kontrollierte Bereich verändert werden. Die Einstellung für Normal-, Weit- und Nahbereich wird durch die Anwendung unterschiedlicher Linsen erreicht

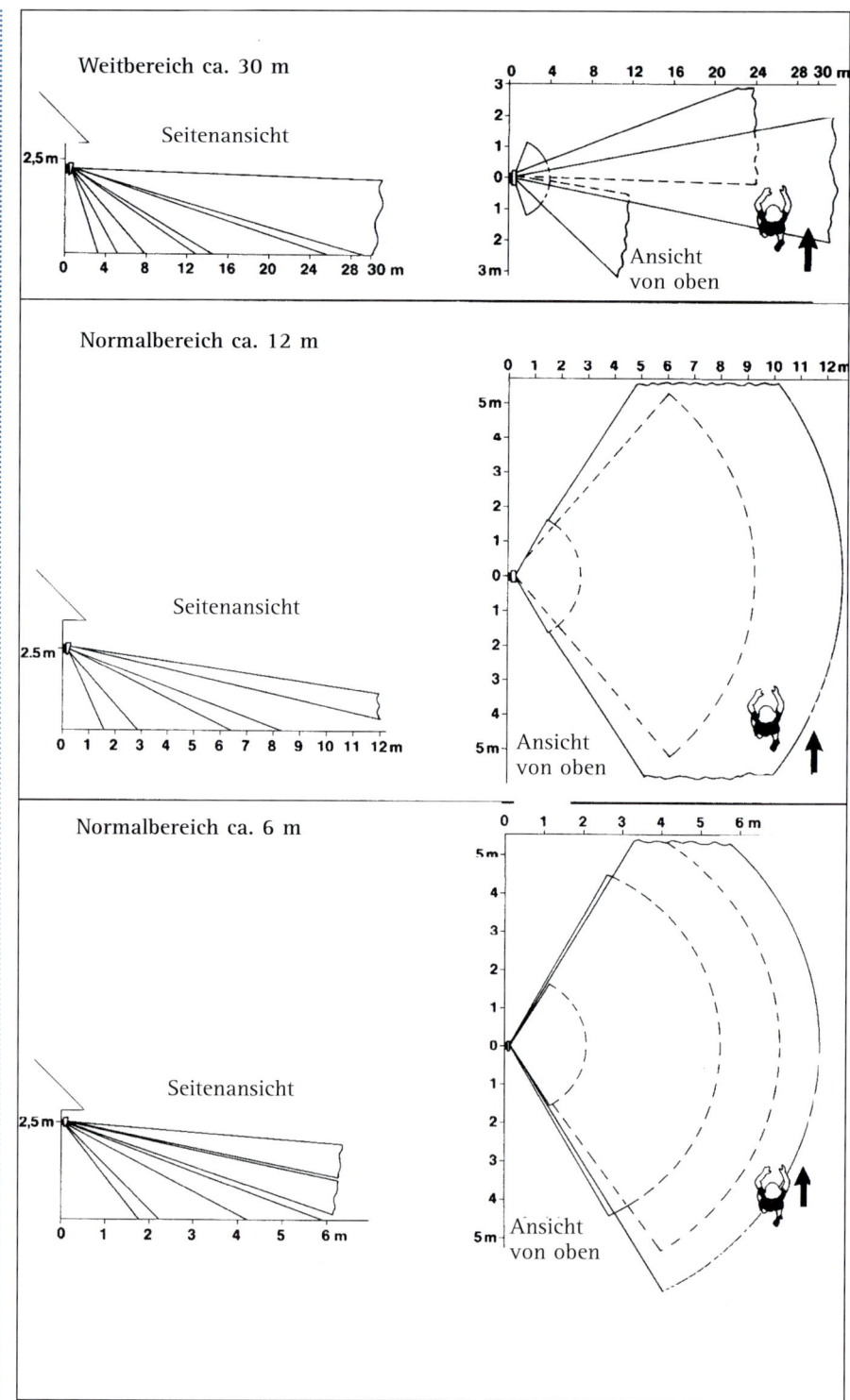

Das Licht geht immer dann an, wenn sich jemand nähert, sei es ein freundlich gesinnter oder auch ein unerwünschter Besucher. Es funktioniert auch während der Abwesenheit der Hausbewohner, so dass das Einschalten des Lichts eine abschreckende Wirkung haben kann. Ebenfalls günstig ist es, wenn rund ums Haus mehrere Infrarotschalter angeordnet sind, so dass man im Dunkeln bei einem Rundgang nicht erst Schalter suchen muss.

Genausogut wie ausserhalb des Hauses ist der Infrarotschalter auch im Haus einzusetzen. Er kann, in einer anderen Ausführung als für die Außenmontage, in Unterputzschalterdosen eingebaut werden. Dadurch ist er in der Lage, Wechsel- und Kreuzschalter in einem langen Flur zu ersetzen: Immer dann, wenn man den Flur betritt, wird das Licht eingeschaltet. Ebensogut kann er aber auch als Bewegungsmelder im Haus verwendet werden, der eine Leuchte anschaltet, sobald jemand einen Raum betritt.

Der Infrarotschalter enthält als zusätzliche Funktion eine Schaltuhr mit einer einstellbaren Schaltzeit – je nach Fabrikat – von einigen Sekunden bis zu 15 Minuten. Mit dieser Schaltuhr wird das Licht nach der vorgegebenen Zeit wieder ausgeschaltet.

Zusätzlich ist noch ein Sensor für die Umgebungshelligkeit eingebaut. An einem Drehknopf kann man einstellen, bei welcher Helligkeit der Infrarotschalter einschalten soll. Dadurch kann verhindert werden, dass er auch tagsüber das Licht einschaltet. Mit einem Stellknopf kann man genau den Zeitpunkt in der Dämmerung bestimmen, an dem der Infrarotschalter wirksam werden soll. Man kann den Helligkeitsfühler jedoch auch so einstellen, dass bei Tag und Nacht geschaltet wird.

Die Reichweite des Infrarotschalters liegt bei 10–15 m. Sie ist abhängig von dem Temperaturunterschied, den er erfassen kann.

Der Ansprechbereich ist, von oben gesehen, strahlenförmig. Es ist dadurch möglich, dass der Schalter nicht anspricht, wenn man gerade auf ihn zugeht. Er sollte deshalb so montiert werden,

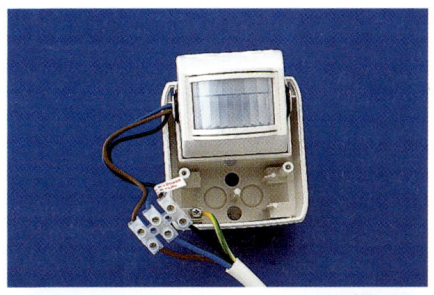

Nach Entfernen der Abdeckung können die Anschlüsse montiert werden

Mit diesen Einstellschrauben werden Einschaltdauer und Ansprechhelligkeit eingestellt

dass seine Messzone schräg zum zu kontrollierenden Bereich liegt. Dadurch wird erreicht, dass man beim Näherkommen auf jeden Fall eine oder mehrere Ansprechzonen kreuzen muss.

Infrarotschalter anschließen

Obwohl man ein kleines Kästchen voller Elektronik vor sich hat, ist der elektrische Anschluss recht einfach. Nach Entfernen der Abdeckung liegen die Anschlussklemmen frei, die entsprechend der dem Schalter beigefügten An-

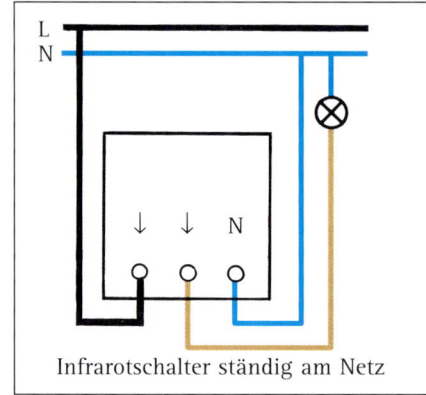

Schaltbild für den Anschluss des Infrarotschalters. Bitte auf jeden Fall die Montageanleitung beachten, da die Schaltbilder je nach Fabrikat unterschiedlich sein können

Infrarotschalter ständig am Netz

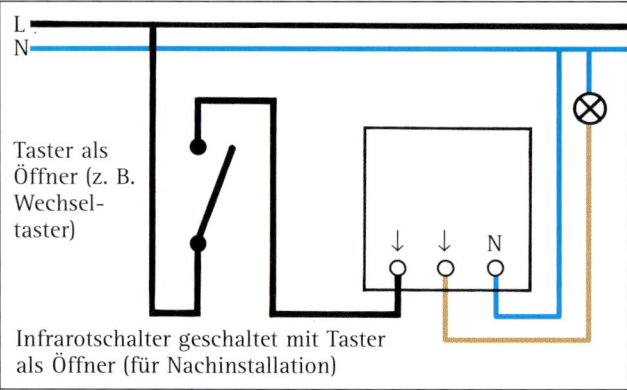

Taster als Öffner (z. B. Wechseltaster)

Infrarotschalter geschaltet mit Taster als Öffner (für Nachinstallation)

leitung angeschlossen werden. Es gibt mehrere Anschlussarten, die sich nach Verwendungszweck und vorhandenen Leitungen richten:

Anschluss anstelle eines Lichtschalters

Der Infrarotschalter wird in der Unterputzdose eingebaut und wie der Lichtschalter angeschlossen.

Montage an der Wand

Die Zuleitung erfolgt von der Leuchte. Stehen vom Schalter bis zur Leuchte nur zwei Adern zur Verfügung, wird der Schalter durch einen Taster ersetzt. Durch Antasten schaltet der Infrarotschalter ein und nach der vorgewählten Zeit selbsttätig wieder aus. Die Leuchte dauernd leuchten zu lassen ist mit dieser Schaltung nicht möglich. Durch Verlegen einer dritten Ader zur Leuchte kann man durch Überbrücken des Infrarotschalters Dauerlicht erreichen.

Da die verschiedenen Bauarten der Infrarotschalter voneinander abweichen, können hier keine genauen Anleitungen für den elektrischen Anschluss gegeben werden. Er ist in der Regel unkompliziert und der dem Schalter beiliegenden Montageanleitung und dem Schaltbild zu entnehmen.

Ein Vertauschen der Anschlüsse führt im Infrarotschalter oder im Sicherungskasten zum Kurzschluß. Die Anschlüsse deshalb bitte sorgfältig überprüfen.

6

Antennen und Antennensteckdosen

Kabel, Dosen, Verstärker
Antennenmontage

Kabel, Dosen, Verstärker

Das Koaxialkabel

Antennenleitungen für Radio und Fernsehen werden, wie auch Klingelleitungen, als Schwachstromleitungen bezeichnet. Sie unterliegen besonderen Regeln. Da sie im Zusammenhang mit der Elektroinstallation stehen, muss man auf sorgfältige Trennung bei der Leitungsführung und bei den angeschlossenen Geräten achten.

Radio- und Fernsehgeräte werden in der Regel über eine Antennensteckdose an die Antennenanlage angeschlossen. Die Verbindung zwischen Steckdose und Antenne wird durch ein Koaxialkabel hergestellt, das sich von den in der Elektroinstallation üblichen Kabeln deutlich unterscheidet. Der Kern des Kabels (die Seele) ist ein Innenleiter aus versilbertem Kupferdraht mit einem Durchmesser von 0,75–1,4 mm. Von diesem Durchmesser ist die Dämpfung des Kabels abhängig. Der größere Durchmesser ergibt eine bessere Übertragung und geringere Verluste in der Leitung und letztendlich einen besseren Empfang. Er ist vor allem bei größeren Kabellängen empfehlenswert.

Der Innenleiter ist isoliert. Die Isolierung ist mit einem versilberten Kupfergewebe zur Abschirmung der Leitung umgeben (Schirm). Das Kabel ist mit einem PVC-Mantel isoliert, so dass es von außen einem Kabel für die Elektroinstallation gleicht.

Bei der Montage von Antennensteckdosen oder Kupplungen und Steckern für den Geräteanschluss muss man sorgfältig darauf achten, dass sich Innenleiter und Abschirmung nicht berühren. Man erreicht das dadurch, dass nach Entfernen von etwa 2–3 cm der Außenisolierung das Drahtgewebe über die Außenisolierung zurückgezogen wird. Dabei lässt sich in der Regel nicht verhindern, dass einige feine Drähtchen der Abschirmung frei herumhängen. Sie werden abgeschnitten, damit sie nicht versehentlich in die Nähe des Innenleiters gelangen.

Steckdosen

Es gibt zwei unterschiedliche Arten von Antennensteckdosen: Durchgangsdosen und Enddosen. Enddosen enthalten einen Abschlusswiderstand, der zum Verhindern von Störungen benötigt wird. Häufig werden Durchgangssteckdosen geliefert, die durch

Einsetzen eines Abschlusswiderstandes in eine Enddose umgebaut werden können.

Antennensteckdosen können auf Putz oder unter Putz montiert werden. Bei Unterputzdosen wählt man häufig eine Kombination mit Schutzkontaktsteckdosen. Die Mindestausstattung sollte aus drei bis fünf Steckdosen bestehen, so dass der Anschluss von Radio und Fernsehen sowie weiterer Geräte ohne größeres Kabelwirrwar möglich ist.

Die Antennen- und die Starkstromleitung müssen voneinander getrennt verlegt werden. Sie sollen einander nicht kreuzen und bei gemeinsamer Verlegung in einem Kabelschacht einen Abstand von mindestens 1 cm haben, um Empfangsstörungen zu vermeiden.

Soll von einem Antennenkabel eine Leitung abzweigen, benötigt man einen Antennenverteiler, der in einer Unterputzverteilerdose eingebaut werden kann. Der Anschluss der Zuleitung und der abgehenden Leitungen im Antennenverteiler erfolgt nach der mitgelieferten Montageanleitung.

Antennenverstärker

Wenn das Fernsehbild unzureichend ist, kann unter Umständen ein Antennenverstärker helfen. Ursachen mangelnder Bildqualität können sein:

In der Durchgangsdose sind die Anschlussklemmen für Eingang und Ausgang der Antennenleitung deutlich durch einen Pfeil gekennzeichnet

Benutzt man die Durchgangsdose als Enddose, muss an den Ausgang, wo üblicherweise ein Kabel weiterführt, ein entsprechender Widerstand angeklemmt werden, da es sonst zu Empfangsstörungen kommen kann

Der Innnenleiter wird angeklemmt. Die Drähte der netzförmigen Abschirmung dürfen keinen Kontakt mit dem Innenleiter haben

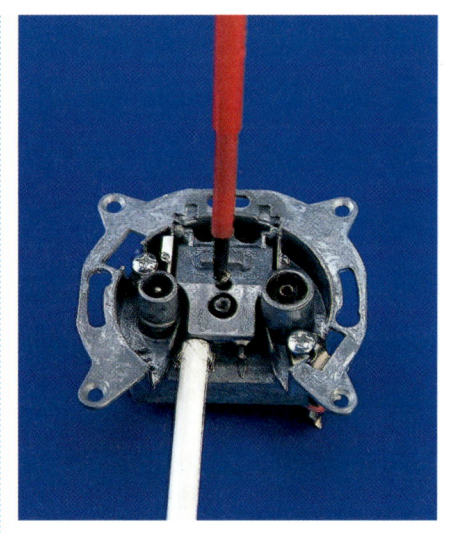

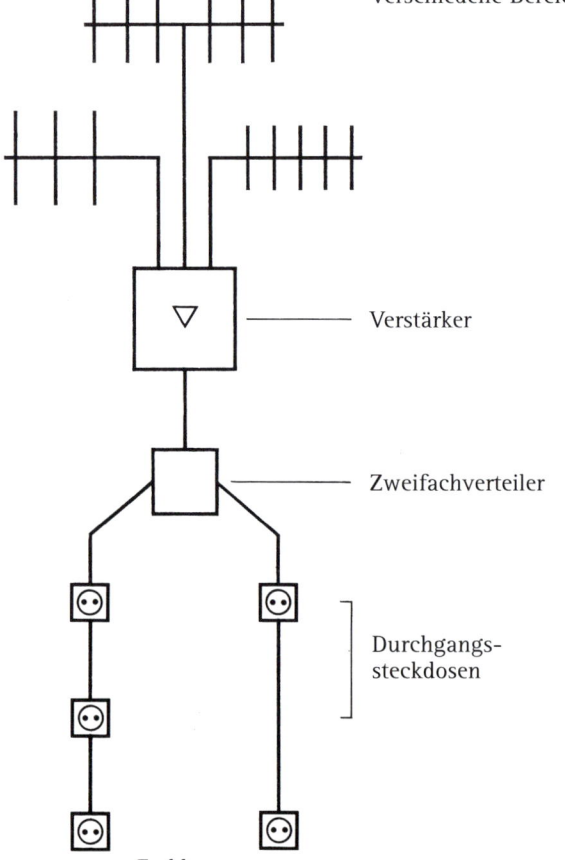

Antennen für verschiedene Bereiche

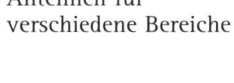 Verstärker

Zweifachverteiler

Durchgangssteckdosen

Enddosen

▷ Verluste in zu langen Koaxialkabeln
▷ Verluste in Durchgangs- und Enddosen
▷ Verluste in Verteilern
▷ Verluste durch schlechte Installation (geflickte Kabel, schlechte Schraubverbindungen etc.)

Während die Verluste infolge schlechter Installation durch sorgfältiges Arbeiten und Nachbesserungen vermieden werden, können die anderen Verluste durch einen Antennenverstärker ausgeglichen werden. Man kann davon ausgehen, dass Anlagen mit mehr als 20 m Antennenleitung und mehr als ein bis zwei Durchgangsdosen durch einen Verstärker verbessert werden können.

Der Antennenverstärker soll möglichst nahe der Antenne montiert werden, ein Einsatz am Empfangsgerät ist weniger empfehlenswert. Der Antennenverstärker hat Antenneneingänge für die unterschiedlichen Empfangsbereiche und je nach Ausführung einen oder mehrere Ausgänge für die Antennenleitungen innerhalb des Hauses.

Zusätzlich ist noch ein Netzanschluss für die Stromversorgung erforderlich. Es gibt eine Vielzahl von unterschiedlichen Antennenverstärkern, Montage und Anschluss erfolgen nach der mitgelieferten Montageanleitung.

Antennen-montage

Antennen werden unterdach oder überdach montiert, daraus ergeben sich unterschiedliche Vor- und Nachteile. Nähere Auskunft gibt die nebenstehende tabellarische Übersicht.

Antennen müssen geerdet sein. Ausnahmen sind:
▶ Zimmerantennen
▶ Antennen, die mindestens einen Meter unter dem Dach auf dem Dachboden montiert sind.

Die Erdung erfolgt über eine besondere Erdungsleitung, zum Bei-

Antennenmontage	
Unterdachmontage	**Überdachmontage**
Wenn der Sender in unmittelbarer Nähe steht („Sichtweite")	Bei besonderen Ansprüchen an den Empfang notwendig
keine Beeinträchtigung der Antenne durch Wind und Wetter	keine Störungen des Empfangs durch die Dachkonstruktion
Montage und Kontrolle, ohne auf das Dach zu klettern	auch große Antennen können problemlos montiert werden
keine störenden Antennenwälder auf den Dächern	Anfälligkeit gegen Korrosion, besonders in der Nähe von Schornsteinen mit Ölheizung
möglicherweise Platzschwierigkeiten; bei großen Antennen Behinderung beim Ausrichten	
möglicherweise Verminderung der Empfangsqualität	

spiel HO 7 V-U mit 16 mm^2 Querschnitt.

Der Erder wirdseinerseits an die Potentialausgleichsschiene angeschlossen. Er darf unter keinen Umständen mit dem Schutzleiter verbunden werden, der im Starkstromnetz mitgeführt wird.

Anschluss an Kabelanlagen

Rundfunk und Fernsehen können auch über Kabel empfangen werden, sogenannte Breitbandkommunikationsanlagen (BK-Anlagen).

Diese Anlagen haben im Prinzip den gleichen Aufbau wie große Gemeinschaftsantennenanlagen. Sie bieten den Vorteil, dass mehr Fernseh- und Stereohörfunkprogramme als mit Einzelantennenanlagen zu empfangen sind, dazu noch in besserer Qualität.

Die Rundfunkempfangsstellen und Kabelverteilnetze der BK-Anlagen werden bis zu den Übergabepunkten in den daran angeschlossenen Gebäuden von der Deutschen Telekom errichtet und betrieben. Die sich nach dem Übergabepunkt anschließenden Hausverteilanlagen liegen sowohl bei der Errichtung als auch im Betrieb in privater Hand. Sie können also von einem Fachbetrieb wie auch von einem Heimwerker installiert werden, wenn er, wie bei jeder Antennenanlage, die „Technischen Vorschriften für Rundfunk-Empfangsantennenanlagen" der Telekom einhält.

Nach dem Übergabepunkt wird, wenn mehr als eine, maximal zwei Steckdosen vorgesehen sind, ein Hausanschlussverstärker montiert. Die Installation kann im Hausanschlussraum erfolgen. Die Verlegung der Kabel sollte immer in Leerrohren erfolgen, die vom Keller bis zum Dachboden durchgehend sind. Beim Ersatz einer Antennenanlage durch den Kabelanschluss können die alten Leitungen weiter genutzt werden, es muss lediglich eine Verbindung zur Antennenleitung geschaffen werden.

7

Arbeiten und Reparaturen an der Installation

Austausch einer Steckdose

Austausch eines Lichtschalters

Dimmer

Austausch einer Steckdose

Bei Arbeiten an der Installation ist der Arbeitsaufwand entgegen üblichen Vorstellungen begrenzt; es wird nur wenig Werkzeug benötigt. Der Erfolg kann aber überwältigend sein, wenn die Wohnung mit neuen Schaltern und Steckdosen ausgestattet ist und neuer Bedienungskomfort Einzug hält.

Hier werden viele praktische Tips für alltägliche Arbeiten an der Installation gegeben.

Die Notwendigkeit, eine vorhandene Steckdose gegen eine neue auszutauschen, ergibt sich immer wieder. Der Anlass kann eine Renovierung der Wohnung sein,

wenn die alten Steckdosen und Schalter nicht mehr schön genug erscheinen oder eine Beschädigung bzw. Zerstörung der Steckdose, beispielsweise durch einen Kurzschluss. Da die Steckdosen und ihre Befestigung genormt sind, erfordert der Austausch nur geringen Aufwand.

> ⚡ **Vor Arbeiten an der Steckdose den Stromkreis durch Herausdrehen oder Abschalten der Sicherung spannungsfrei machen, die Spannungsfreiheit mit dem Spannungsprüfer kontrollieren.**

Arbeitsablauf

Bild links: Durch Kurzschluss beschädigte Steckdose

Bild rechts: Die Abdeckung der alten Steckdose wird durch Herausdrehen der Befestigungsschrauben entfernt

Die Schrauben der Spreizkrallen, die die Steckdose in der Wandeinbaudose befestigen, werden gelockert. Dadurch lösen sie sich

Der Steckdoseneinsatz wird aus der Wand herausgezogen und die drei Anschlussklemmen für Phase, Nullleiter und Schutzleiter werden gelöst

Die neue Steckdose wird ebenfalls mit Spreizkrallen befestigt

Die Adern der Anschlussleitung werden an die Klemmen angeschlossen. Der grüngelbe Schutzleiter gehört immer an den mittleren Kontakt mit dem Zeichen ⏚

Häufig sind Steckdosen durchgeschleift: Die Stromversorgung einer weiteren Steckdose ist mit angeklemmt. In diesem Fall werden die Adern der gleichen Farbe jeweils an einer Klemme befestigt

Die Steckdose in die Wandeinbaudose einführen und mit den Spreizkrallen befestigen. Dabei die Schrauben kräftig anziehen, da die Steckdose durch das Herausziehen des Steckers stark belastet wird

Zum Abschluss der Arbeiten für den Steckdosenaustausch wird die neue Abdeckung montiert und die Sicherung wieder eingeschaltet. Mit dem Spannungsprüfer wird kontrolliert, ob Schutzleiter, Nullleiter und Phase auch richtig angeschlossen sind.

Doppelsteckdose einbauen

Oft werden im Haushalt Mehrfachsteckdosen und Verlängerungen benutzt, weil die Zahl der Steck-

Der Doppelsteckdoseneinsatz ist anstelle der Einfachsteckdose eingebaut. Die Abdeckung kann montiert werden

dosen nicht mehr ausreicht. Abgesehen von der Stolpergefahr bieten die herumliegenden Leitungen meist keinen schönen Anblick.

Eine Abhilfemöglichkeit ist der Austausch von Einzelsteckdosen durch Doppelsteckdosen.

Doppelsteckdosen passen in eine Unterputz-Geräteeinbaudose, so dass der Austausch ohne Stemm- und Malerarbeiten möglich ist. Die Klemmanschlüsse für die Leitung entsprechen der Einfachsteckdose. Lediglich der Steckdosenrahmen auf der Wand ist größer, so dass er in der Lage ist, zwei Schutzkontaktstecker aufzunehmen.

1 Schrauben der Spreizkrallen
2 Schrauben der Anschlußklemmen
3 Schraube des Schutzleiters
4 Schutzleiter PE, Farbkenn
   zeichnung grün-gelb

5 Nulleiter N
6 stromführende Leiter L (Phase)
7 Brücke

Links: Anschluss der Adern an der Doppelsteckdose. Bei vorhandener „klassischer Nullung" (Zeichnung rechts) werden der Schutzleiteranschluss und der Nullleiter mit einer Brücke verbunden

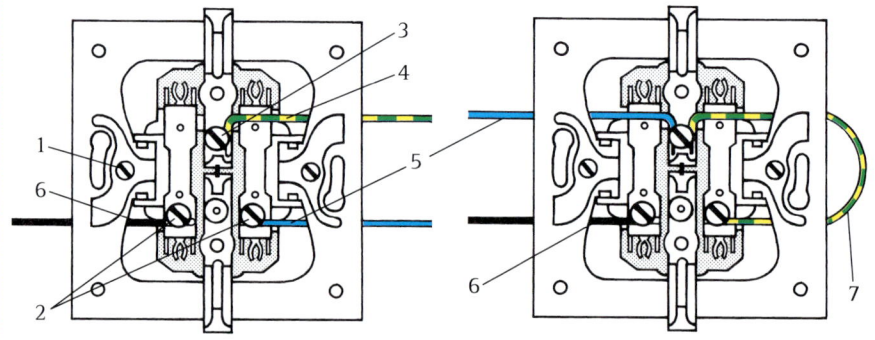

64

Austausch eines Lichtschalters

Lichtschalter können – je nach Bedarf – unterschiedliche Schaltwirkungen haben. Üblicherweise benützt man:

▶ Ausschalter: Sie dienen dazu, je nach Bedarf eine oder mehrere Leuchten gleichzeitig ein- oder auszuschalten. Dies ist der am häufigsten verwendete Schalter

▶ Serienschalter: Damit werden zwei Lichtstromkreise unabhängig voneinander ein- und ausgeschaltet. Ein Serienschalter besteht aus zwei in einem Gehäuse zusammengefassten Ausschaltern, die unabhängig voneinander betätigt werden können.

▶ Wechselschalter: Sie dienen dazu, eine Leuchte von zwei entfernt voneinander liegenden Stellen ein- oder ausschalten zu können. Die bekannteste Anwendung ist die Beleuchtung in einem langen Flur, an dessen beiden Enden je ein Schalter angebracht ist. Wechselschalter können ohne

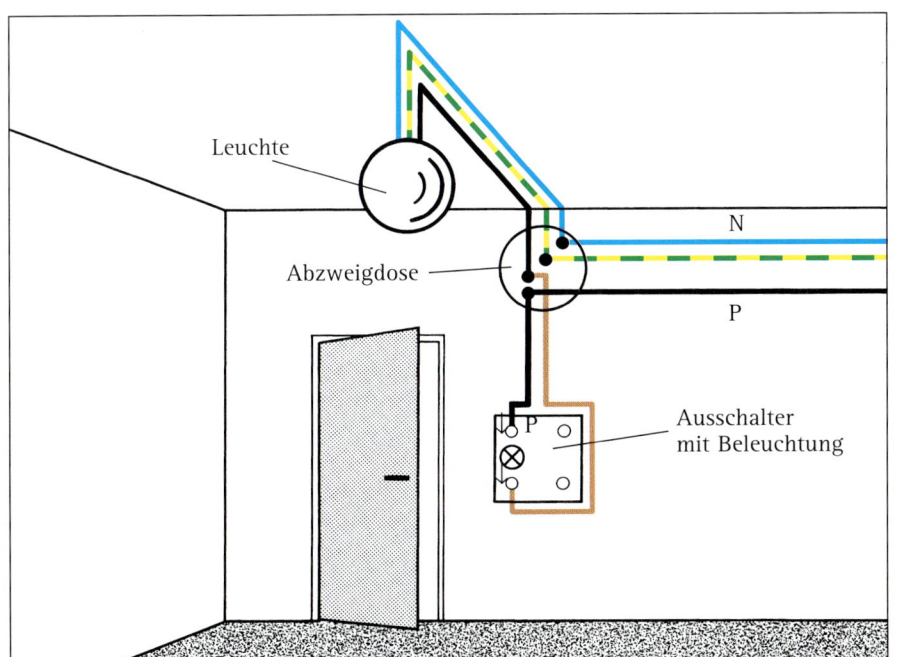

Leuchte

Abzweigdose

N

P

Ausschalter mit Beleuchtung

Ausschaltung einpolig, auf Wunsch mit Beleuchtung (Wirkschaltplan)

Schaltbild

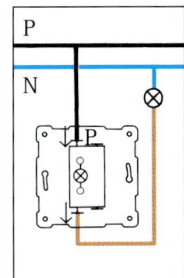

P

N

P

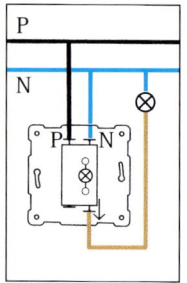

Schaltbild

**Wirkschaltplan:
Kontrollausschal-
tung mit einem
Kontroll-Wech-
selschalter.
Schalter und Ta-
ster können mit
einer einsetzba-
ren Glimmlampe
beleuchtet
werden**

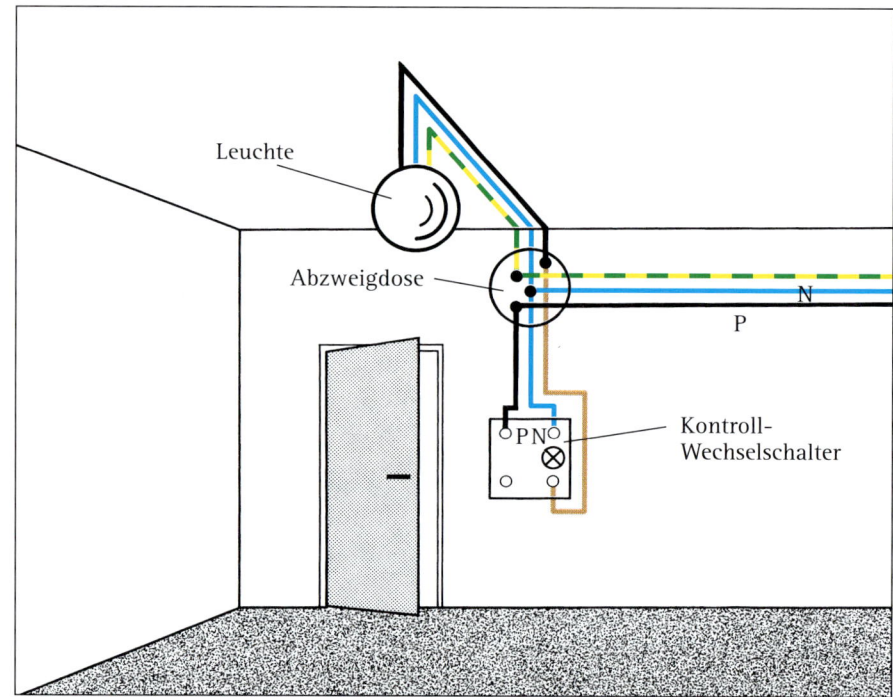

Leuchte

Abzweigdose

N

P

Kontroll-
Wechselschalter

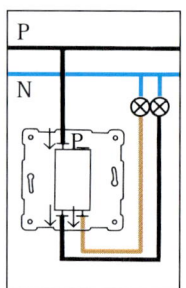

Schaltbild

**Wirkschaltplan:
Serienschaltung
zum unabhän-
gigen Schalten
zweier Strom-
kreise**

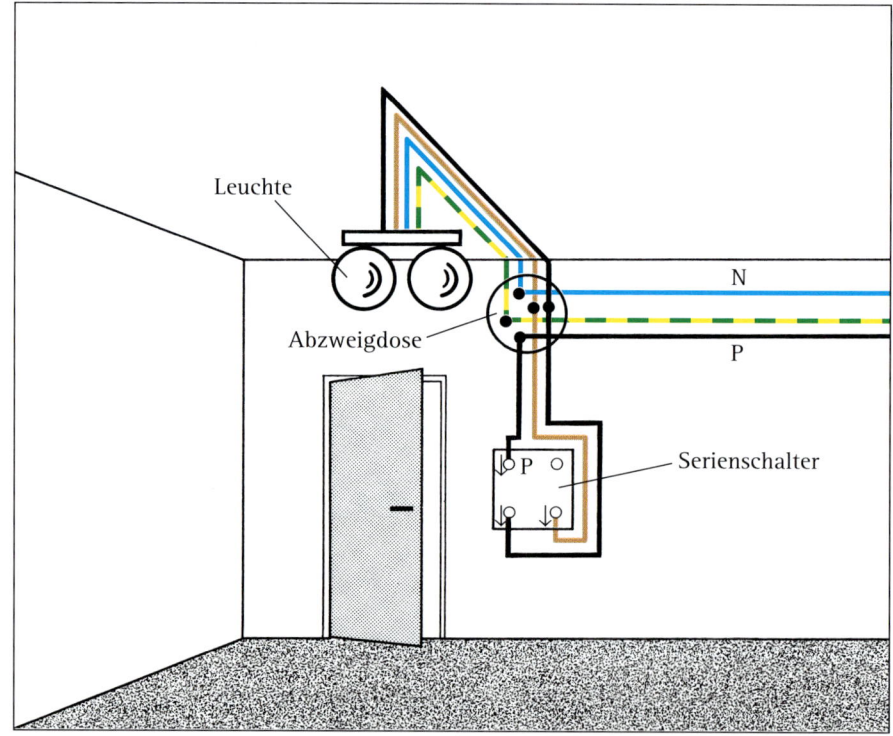

Leuchte

N

Abzweigdose

P

Serienschalter

Änderung und Beeinträchtigung
der Wirkungsweise auch als Ausschalter verwendet werden. Viele
Hersteller bieten deshalb nur noch
Wechselschalter als Universal-
schalter an

▶ Kreuzschalter: Sie werden dann
eingesetzt, wenn Leuchten von
drei oder mehr Stellen aus geschaltet werden sollen

Die Montage eines Ausschalters
ist recht einfach, da lediglich zwei
Adern angeklemmt werden müssen: Schwarz als spannungführende Leitung und Braun als Schaltleitung, die zur Lampe führt. Eine
Verwechslung der Anschlüsse ist,
entsprechende Sorgfalt vorausge-
setzt kaum möglich.

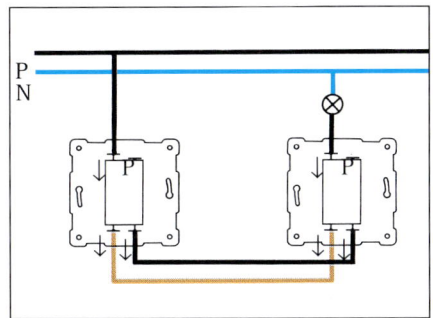

Schaltbild

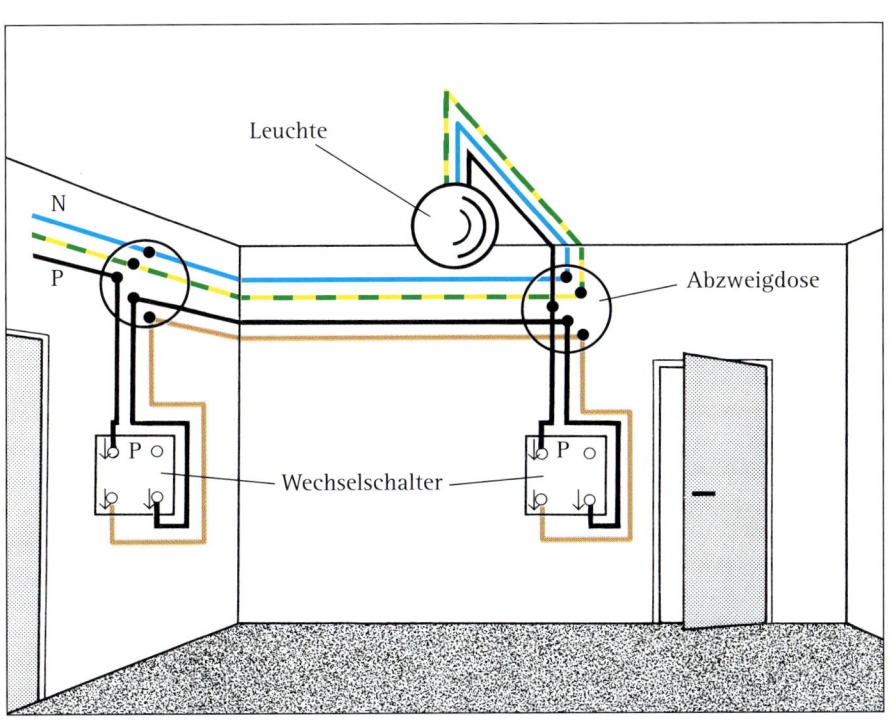

Wirkschaltplan:
Wechselschal-
tung, um eine
Leuchte von zwei
Stellen ein- und
ausschalten zu
können

Auch der Anschluss des Serienschalters ist recht einfach. Er hat eine spannungführende Zuleitung (schwarz) und zwei Schaltleitungen, die jeweils zu den Leuchten führen.

Auf den ersten Blick etwas unübersichtlicher ist dagegen die Montage des Wechsel- und des Kreuzschalters, die mit drei beziehungsweise vier Leitern ange-

schlossen werden. Bei einem Verwechseln der Leitungen funktioniert die Beleuchtung nicht, und schon mancher Heimwerker ist wegen der unterschiedlichen Anschlussmöglichkeiten schier verzweifelt.

Der Anschluss aller vier Schalterarten wird deshalb in einem Wirkschaltplan dargestellt, in dem man die Leitungsführung zwischen

Wirkschaltplan: Kreuzschaltung, um eine Leuchte von drei oder mehr Stellen zu schalten

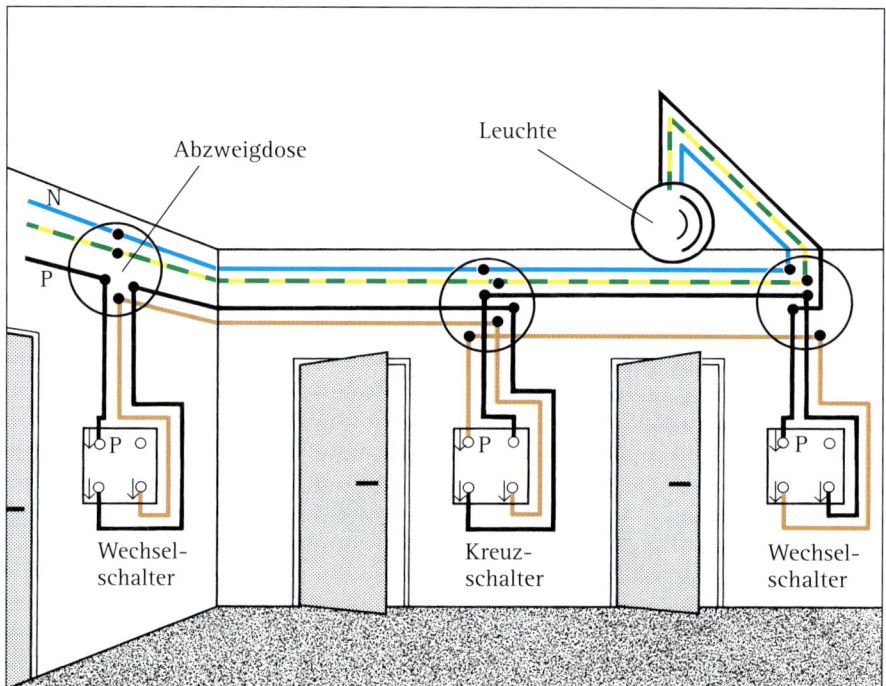

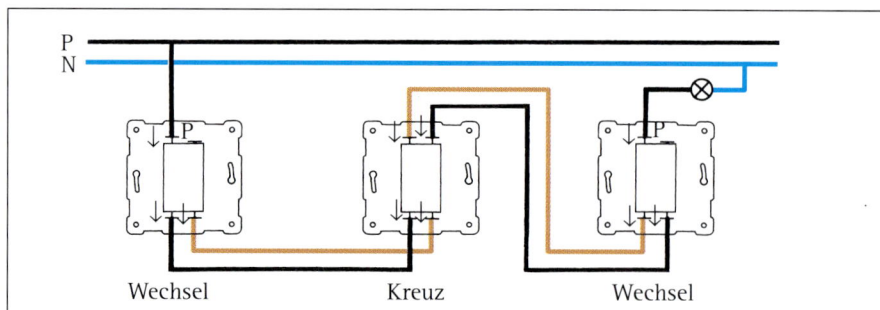

Schaltbild

Schaltern und Verteilerdose und zur Leuchte erkennen kann. Unter dem Wirkschaltplan ist das zugehörige Schaltbild abgebildet. Ein solches Schaltbild wird in der Regel vom Elektriker benutzt, weil es eine schnelle Übersicht über die Stromkreise bietet.

Für den Heimwerker, der nicht daran gewöhnt ist, Schaltbilder zu lesen, wird der Wirkschaltplan übersichtlicher sein. Er gibt die Raumverhältnisse wieder und entspricht der tatsächlichen Leitungsführung.

Montage der Schalter

Schalter werden wie Steckdosen mit Spreizkrallen in der Schalterdose befestigt. Die Adern werden je nach Bauart mit Klemmschrauben befestigt oder in Steckklemmen eingeführt.

Mit Steckklemmen arbeitet man etwas schneller. Da die Aderenden für eine zugsichere Verbindung tief eingesteckt werden müssen, werden sie länger als bei Schraubklemmen abisoliert (etwa 12 mm). Zum Herausziehen der gesteckten Leitungen drückt man einen kleinen Entriegelungstaster.

Die Anschlüsse am Schalter sind mit P für die Phase und mit Pfeilen für die abgehenden Leitungen gekennzeichnet.

Der alte Schalter wird durch Lösen der Spreizkrallen aus der Wand geholt

Der neue Schalter wird montiert, hier mit schraubenlosen Aderklemmen

Der Schaltereinsatz wird mit den Spreizklemmen in der Wand befestigt

Der Schalterrahmen wird montiert und die Schalterwippe aufgesteckt

Dimmer

Als Dimmer werden elektronische Helligkeitsregler bezeichnet, mit denen sich das Licht stufenlos heller oder dunkler einstellen lässt. Sie sind für die Regelung einer beliebigen Zahl von Glühlampen mit einer Gesamtleistung von 60 W bis 400 W vorgesehen, bei einigen Fabrikaten auch für höhere Leistungen.

Dimmbar sind alle Glühlampen, gleich welcher Bauart, und Halogenstrahler. Bei Niedervolt-Halogenlampen ist ein für den Trafo geeigneter Dimmer erforderlich.

Darüber hinaus sind alle Heizwiderstände mit einem Dimmer steuerbar, das sind beispielsweise Lötkolben, Heizplatten und Kocher. Für den Betrieb von Leuchtstofflampen und motorbetriebenen Elektrogeräten sind Dimmer nur in besonderen Schaltungen geeignet.

Einbau des Dimmers

Dimmer sind empfindliche Geräte und erfordern deshalb beim Einbau etwas mehr Sorgfalt als andere Schalter. Dabei ist besonders zu berücksichtigen:

▶ Die Tragplatte, die auch zur Kühlung des Dimmers dient, soll ganzflächig auf der Wand aufliegen, damit die Wärme abgeführt werden kann.

▶ Beim Anschließen das beiliegende Schaltbild beachten und überlegt vorgehen. Nicht probie-

⚡ Innerhalb einer Wohnung sollen insgesamt nicht mehr als 1000 W Anschlussleistung von Lampen über Dimmer geregelt werden, da Dimmer unerwünschte Rückwirkungen auf das Netz haben, indem sie es ungleichmäßig belasten.

Der Dimmer wird anstelle eines Lichtschalters an die Schalterleitung angeschlossen und in die Unterputzdose eingebaut

Die Befestigung in der Schalterdose erfolgt durch Spreizklemmen wie beim Schalter

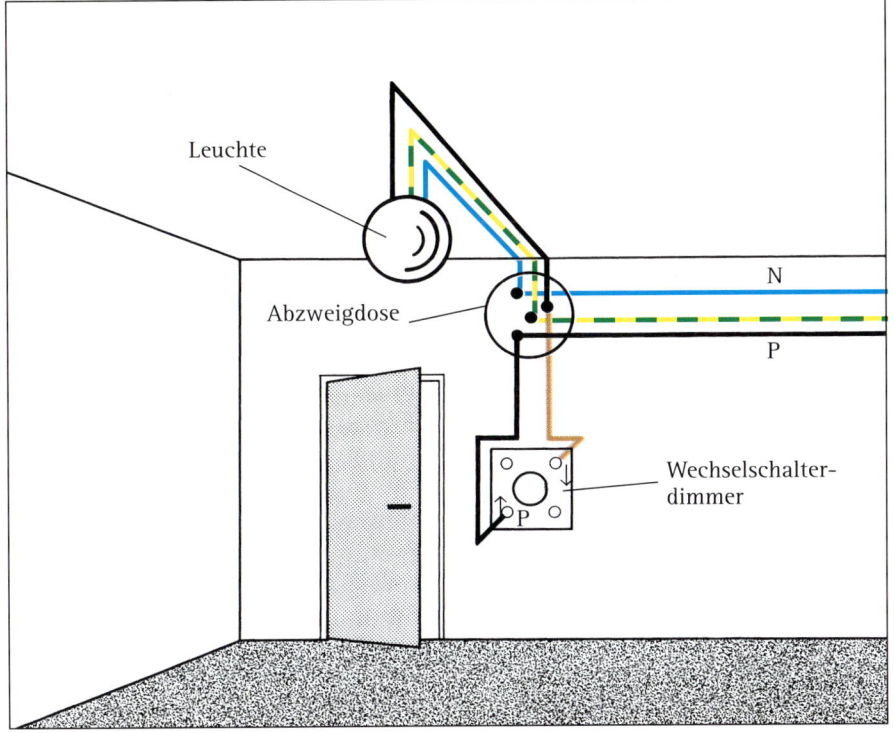

Leuchte

Abzweigdose

Wechselschalter-
dimmer

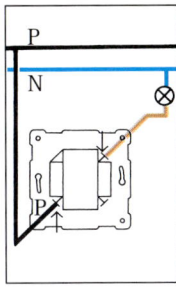

P

N

Schaltbild

**Wirkschaltplan:
Ausschaltung mit
dem Wechsel-
schalterdimmer**

ren, bis es funktioniert. Vorher
Spannung abschalten.
▶ Den Sicherungshalter nicht ver-
biegen, sonst entsteht möglicherweise eine unerwünschte Wärme-
quelle.
▶ Die Leitungsadern sorgfältig unter dem Gerät anordnen. Drücken
und Quetschen verträgt das empfindliche Gerät nicht.
▶ Beim Anstreichen und Tapezieren den Dimmer vollständig abkle-
ben, damit keine Farbe oder
Feuchtigkeit eindringen kann.
▶ Die Abdeckung richtig aufset-
zen. Die Schlitze in der Platte dienen zur Kühlung und sollen oben
und unten, aber nicht seitlich angeordnet sein.

▶ Dimmer werden wie andere
Schalter in die üblichen Schalterdosen mit 58 mm Durchmesser
eingebaut.

Der Reglerknopf des Dimmers wird
abgezogen und die Mutter zur Befestigung der Abdeckplatte gelöst.
Der spannungführende Leiter wird
an die mit „P" gekennzeichnete
Klemme angeschlossen. Der zur

**Vor Einbau des Dimmers
ist der betreffende Stromkreis durch Herausschrau-
ben der Sicherung oder
Ausschalten des Sicherungsautoma-
ten zu unterbrechen.**

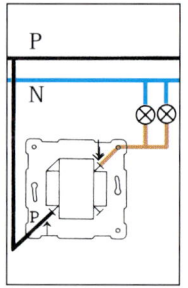

Schaltbild

Wirkschaltplan: Serienschaltung mit dem Wechselschalterdimmer. Die Lampen können nicht getrennt voneinander geschaltet werden

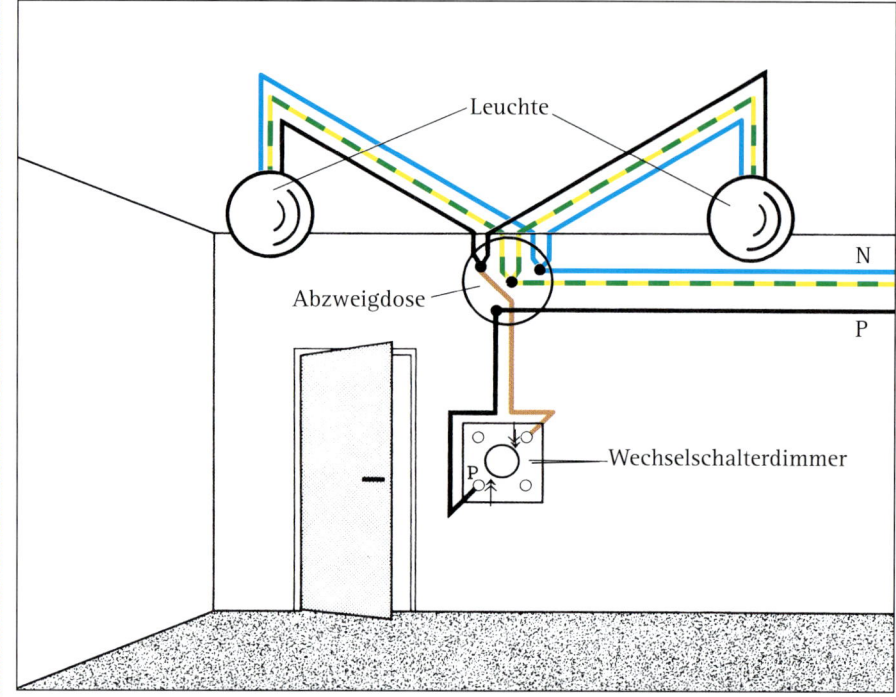

Leuchte

Abzweigdose

Wechselschalterdimmer

N

P

Lampe führende Leiter (braune Leitung) wird an die entsprechende andere Klemme angeschlossen. Der Dimmer wird, wie andere Schalter auch, mit den beiden Spreizkrallen in der Schalterdose befestigt. Daraufhin wird die Ab-

GEWUSST WIE

Wenn man die Helligkeit des Lichts durch einen Dimmer reduziert, wird dem Netz eine verringerte Leistung entnommen. Da der Zähler aber nur das zählt, was tatsächlich verbraucht wird, spart man durch Heruntersteuern des Dimmers Strom und damit Geld.

deckplatte wieder befestigt und der Reglerknopf aufgesteckt.

Eine weitere Einsparung ergibt sich durch die verlängerte Lebensdauer der Lampen. Bereits durch eine Verminderung der Spannung um 5 Prozent verdoppelt sich die Lebensdauer der Glühlampen. Dies fällt besonders ins Gewicht bei teuren Spezialausführungen, wie beispielsweise bei verspiegelten Lampen oder bei Strahlern, sowie bei Lampen, die nur unter Schwierigkeiten auszuwechseln sind. Selbst ein Dimmer, der in größter Stellung benutzt wird, reduziert die Spannung um einen geringen Prozentsatz; immerhin ist das so viel, dass die Lampe spürbar länger lebt.

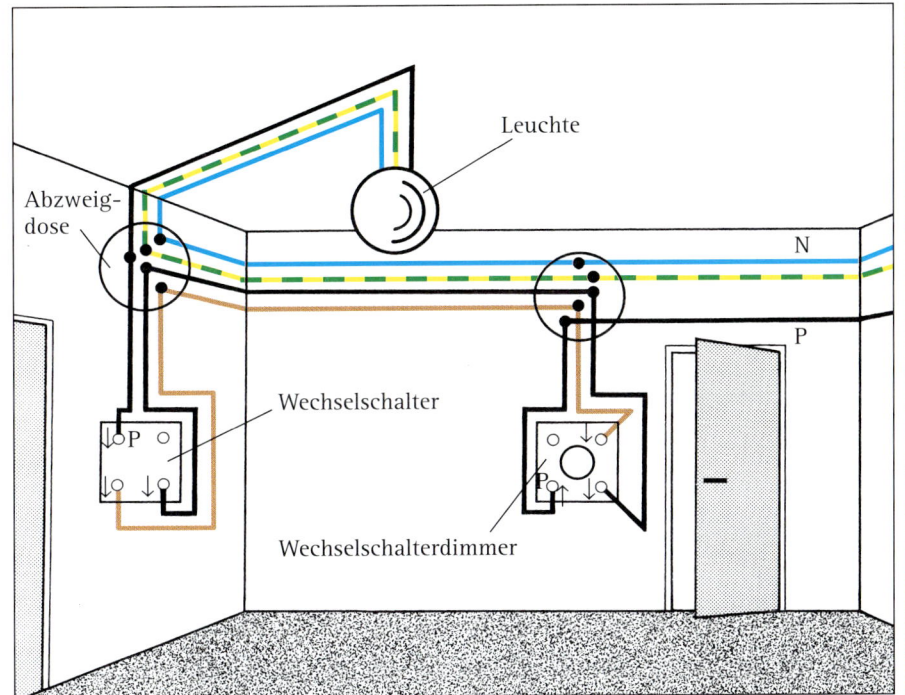

Leuchte

Abzweig-
dose

N

P

Wechselschalter

Wechselschalterdimmer

Wirkschaltplan:
Wechselschaltung
mit einem Dim-
mer und einem
Wechselschalter

Dimmer in Wechsel- und Kreuzschaltungen

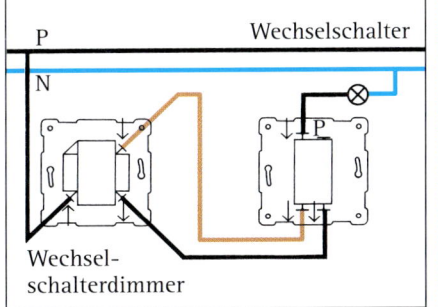

P
N
Wechselschalter

Wechsel-
schalterdimmer

Schaltbild

Dimmer sind nicht nur als Ausschalter, sondern auch als Wechselschalter erhältlich. Das bedeutet,
dass sie anstelle eines normalen
Wechselschalters eingebaut werden
können.

In einer Wechselschaltung kann
einer der beiden Schalter ein Dimmer sein, der andere ein Wechselschalter. Wird das Licht von einem
der beiden Schalter eingeschaltet,
hat es die Helligkeit, die am Dimmer eingestellt wurde. Zwei Dimmer in einer Wechselschaltung
können nicht eingebaut werden,

da sie sich gegenseitig in der
Regulierung der Helligkeit beein-
trächtigen, eine einwandfreie
Funktion ist nicht möglich.

Genauso verhält es sich beim
Einbau eines Dimmers in eine
Kreuzschaltung. Auch hier kann
nur ein Dimmer zusammen mit
den Wechselschaltern verwendet
werden. Die Lichtstärke richtet sich

Wirkschaltplan:
Ein Sensor-
dimmer mit
Taster als Ne-
benstellen. Es
können bis zu
10 Nebenstellen
angeschlossen
werden, von je-
der Nebenstelle
aus kann unab-
hängig geschal-
tet werden

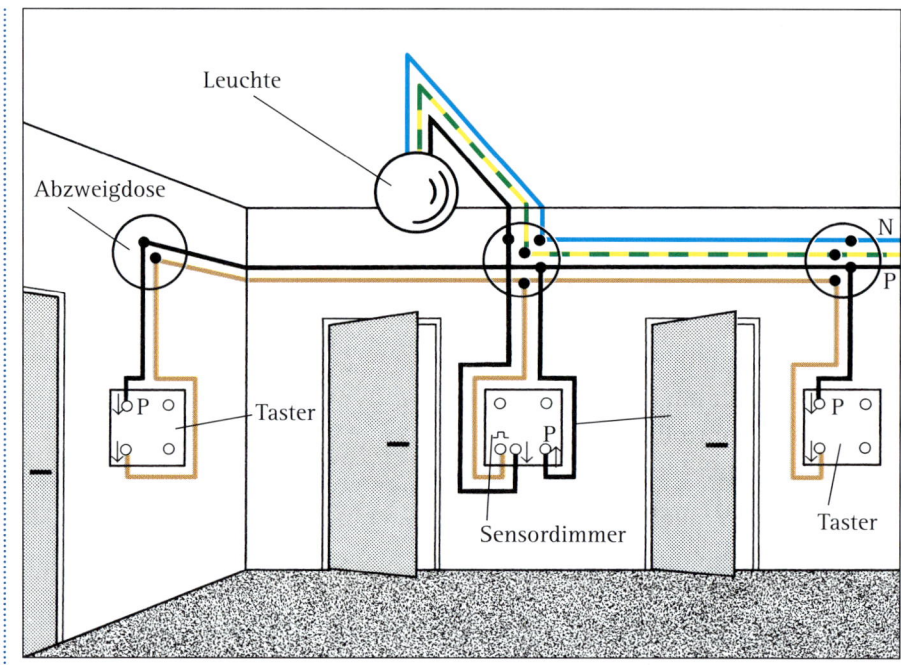

Leuchte

Abzweigdose

Taster

Sensordimmer

Taster

N

P

Schaltbild

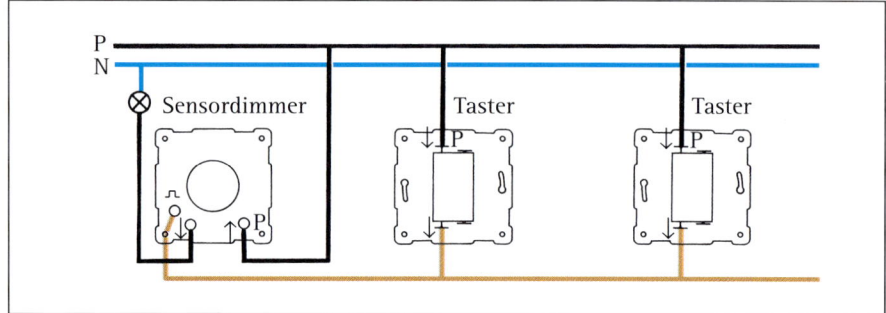

P
N

Sensordimmer

Taster

Taster

P

P

P

immer nach dem Dimmer, gleich-
gültig, mit welchem Schalter ein-
oder ausgeschaltet wird.

Eine weitere Möglichkeit ist der
Einbau eines Sensordimmers. Er
kann alleine oder zusammen mit
einem oder mehreren Tastern in
einen Lichtstromkreis eingebaut
werden und erlaubt dadurch einen
einfachen Aufbau der Schaltung.

Beim Antippen des Sensordimmers wird das Licht mit der größ-
ten Helligkeitsstufe eingeschaltet.
Hält man die Hand auf der Sen-
sorfläche, wird das Licht langsam
dunkler und anschließend wieder
heller, bis die gewünschte Lichtstärke erreicht ist. Wird der Lichtstromkreis mit dem Taster ein-
oder ausgeschaltet, verhält sich die
Schaltung wie eine Schaltung mit
Stromstoßschalter. Das bedeutet,
dass man mit jedem Taster das
Licht ein- und ausschalten kann.

Störungen am Dimmer beseitigen

Kann man die von einem Dimmer geschalteten Lampen nicht einschalten, muss man zunächst die Ursache der Störung suchen.

Die Sicherung des Dimmers kann man überprüfen, indem man sie ausbaut und mit dem Durchgangsprüfer kontrolliert. Hat sie keinen Durchgang, muss sie durch eine neue ersetzt werden. Der Typ der Sicherung (beispielsweise 2,5 A flink) ist an ihrem Rand eingeprägt; wird eine falsche Sicherung eingebaut, kann der Dimmer beschädigt werden.

Häufig wird die Sicherung zerstört, wenn die Glühlampe durchbrennt. Das kündigt sich oft durch Summen und leichtes Flackern der Lampe an. In einem solchen Fall sollte man sofort ausschalten und die Glühlampe austauschen.

Falls nach dem Austausch der Sicherung die Lampe immer noch nicht eingeschaltet werden kann, ist die Elektronik des Reglers defekt. Eine Reparatur ist dann nicht möglich, der Dimmer muss ausgetauscht werden.

Der Drehknopf am Dimmer kann ohne Werkzeug abgezogen werden

Nach Abnehmen der Deckplatte ist der Dimmer zugänglich

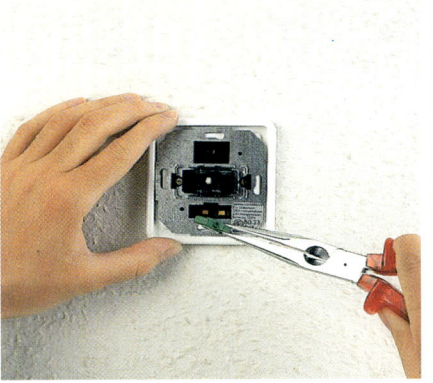

Der Sicherungshalter (hier im Bild grün, häufig auch rot) kann herausgezogen und die Sicherung ausgetauscht werden

8

Neuinstallation von Steckdosen und Schaltern

Planung der Installation

Grundlagen der Leitungsverlegung

Dosen, Schalter, Leitungen

Anschlüsse und Geräte in Feuchträumen

Ausseninstallation

Prüfen neuer Anschlüsse

Planung der Installation

Dies ist ein Gebiet für fortgeschrittene Heimwerker: Hier werden neue Leitungen gelegt und unter Umständen die ganze Installation erneuert. Es gibt eine Reihe von gut durchdachten Bauteilen, die die Arbeit erleichtern und ein perfektes Ergebnis ermöglichen.

Es gibt zwei Arten, Steckdosen und/oder Schalter zu verlegen: die sichtbare Aufputzinstallation und die (fast) unsichtbare Unterputzinstallation. In Wohnräumen sollten alle Leitungen im Putz (oder unter Putz) verlegt werden. In Nebenräumen, Kellern oder Garagen verlegt man oft schneller und preiswerter auf Putz.

Vor dem Planen eines neuen Anschlusses ist zu prüfen, wie stark die Leitung belastet wird. In Wohnungen werden in der Regel Leitungen mit einem Querschnitt von 1,5 mm^2 verlegt, die bei einer Sicherung von 10 A bis zu 2,2 kW belastet werden können.

Ist für eine Leitung eine größere Belastung zu erwarten, muss ein neuer Stromkreis mit eigener Sicherung installiert werden.

Das Gleiche gilt auch bei der Erweiterung von Stromkreisen. Wird von einer Steckdose ausgehend eine weitere Steckdose angeschlossen, darf auch hier die zulässige Belastung des Stromkreises nicht überschritten werden. Besonders leicht kann das geschehen, wenn starke Verbraucher, wie Heizgeräte, angeschlossen werden.

Aber auch wenn nur kleine Verbraucher, wie Lampen oder Rundfunkgeräte, angeschlossen werden, sollten in einem Stromkreis mit einer Sicherung nicht mehr als 16 Steckdosen installiert werden. An diesen Steckdosen dürfen nur Geräte bis zu einer Gesamtleistung von 2,2 kW gleichzeitig benutzt werden.

Für Beleuchtung und Schutzkontaktsteckdosen sind gemeinsame oder getrennte Stromkreise möglich. Getrennte Stromkreise haben den Vorteil, dass bei Ausfall eines Stromkreises durch den zweiten Stromkreis zumindest noch eine behelfsmäßige Beleuchtung des Raumes möglich ist.

Für Verbraucher mit einem Anschlusswert von mehr als 2 kW, beispielsweise Heizstrahler oder Backöfen, ist ein eigener Stromkreis zu installieren, auch wenn die Geräte über eine Steckdose angeschlossen werden.

Für die Ausstattung von Wohnungen mit elektrischen Anschlüssen für einen mittleren Wohnkom-

Anschlüsse in Wohnungen

Raum	Steck-dosen	Leuchten
Wohnzimmer		
– ohne Essplatz	8	2
– mit Essplatz	10	3
Essplatz/-raum	4–8	1–2
Küche	10–12	3–4
Hausarbeits-raum	9	2
Schlaf- und Kinderzimmer je nach Größe	5–9	1–2
Bad	4	3
WC	1	1
Flur, Diele	2	2
Balkon, Terrasse	2	1

Elektrische Geräte wie Fernseher oder Radios/Radiowecker in Bereitschaft (Stand-by-Schaltung) erzeugen ein elektrisches und/oder magnetisches Feld. Sie sollten darauf achten, dass sie im Schlafzimmer während der Nacht vollständig ausgeschaltet sind, um gesundheitliche Störungen zu vermeiden.

fort wird eine gewisse Anzahl von Anschlüssen empfohlen (siehe Tabelle links).

Dazu kommen noch gesonderte Stromkreise und Anschlüsse jeweils für Elektroherd und Elektrobackofen, für Geschirrspülmaschine, für Waschmaschine, Wäschetrockner und möglicherweise die elektrische Warmwasserbereitung. Antennensteckdosen und Telefonsteckdosen werden zusätzlich in der gewünschten Anzahl in die Planung mit einbezogen.

In Schlafräumen werden neben den Betten mindestens Doppelsteckdosen eingebaut, so dass beispielsweise eine elektrische Uhr und ein Radio gleichzeitig benutzt werden können.

Auch in den übrigen Wohnräumen sind in der Regel Doppel- oder Dreifachsteckdosen empfehlenswert, da oft mehr Geräte angeschlossen werden sollen, als man ursprünglich geplant hat. Man kann dadurch verhindern, dass Verlängerungsleitungen und Mehrfachsteckdosen in der Wohnung herumliegen – dies sieht unordentlich aus und birgt eine gewisse Stolpergefahr.

Steckdosen für Steh- und Tischleuchten können auch einzeln oder in Gruppen über Lichtschalter von der Tür aus geschaltet werden. Man erspart sich möglicherweise bei einer größeren Anzahl von Leuchten viel Rennerei und Sucherei nach den einzelnen Schaltern.

Für Flure, Treppenhäuser und Räume, die von mehreren Stellen aus betreten werden können, ist an jedem Zugang ein Lichtschalter vorzusehen. Dadurch kann durch Kreuzschalter beziehungsweise Wechselschalter das Licht von mehreren Stellen aus ein- oder ausgeschaltet werden.

Eleganter, leitungsparender und vor allem bei nachträglicher Veränderung der Installation einfacher ist der Einbau von Stromstoßschaltern anstelle einer Wechselschaltung. Jeder Schalter muss dann nur noch mit zwei Adern angeschlossen werden, und es ist bei dieser Art von Installation eine beliebig große Anzahl von Schaltern je Leuchte möglich.

Ist man sich über die Lage von Anschlüssen noch nicht sicher, kann man auch Leerdosen einbauen. Die Leerdosen werden mit einem Deckel verschlossen und können übertapeziert werden. Die

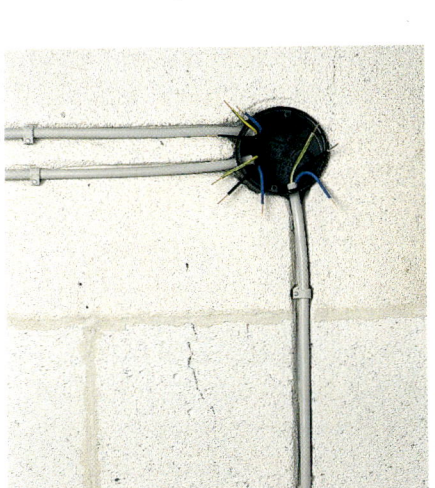

Unterputzleitungen werden im Rohbau verlegt, sie erfordern eine gründliche Vorplanung

Bei einer übertapezierten Leerdose wird die Tapete aufgeschnitten, die Steckdose kann ohne Beschädigung der Tapete eingebaut werden

Leitung wird mit einer Schleife durch die Leerdose geführt.

Bei Bedarf kann der Deckel entfernt, die Schleife aufgeschnitten und eine Steckdose an dieser Stelle montiert werden.

Es ist ebenso möglich, ein Leerrohrnetz mit Leerdosen und glatten beziehungsweise gewellten Kunststoffinstallationsrohren zu verlegen. Zu einem späteren Zeitpunkt kann man die gewünschten Leitungen dann durch das Leerrohr ziehen und die elektrische Anlage dadurch den geänderten Anforderungen anpassen.

Bei der Verwendung von Abzweigschalterdosen, die tiefer sind als die üblicherweise verwendeten Schalterdosen, hat man noch zusätzlichen Anschlussraum bei der Nachinstallation.

Grundlagen der Leitungsverlegung

Leitungen müssen senkrecht oder waagerecht verlegt und nicht (aus Sparsamkeit) schräg über die Wand gezogen werden. In Decken oder in Fußböden dürfen sie auf dem kürzesten Weg verlegt werden, aber auch hier soll eine geradlinige und rechtwinklige Leitungsführung angestrebt werden.

Diese Leitungsführung hat den Sinn, dass man von der Lage der Steckdosen, Schalter und Verteilerdosen auf die Lage der Leitungen schließen und sie so vor Beschädigungen durch Bohren, Stemmen oder Nägeleinschlagen schützen kann.

Senkrechte Leitungen sind möglichst in der Nähe von Zimmerecken oder etwa 15 cm von der Türkante entfernt zu verlegen. Waagerechte Leitungen verlaufen etwa 30 cm unterhalb der Decke (siehe auch die Abbildung auf der nächsten Seite).

Leitungen von Steckdose zu Steckdose (Ringleitungen) werden etwa 30 cm oberhalb des fertigen Fußbodens verlegt, daraus ergibt sich auch die Steckdosenhöhe.

In der Kücheninstallation sind die Steckdosen oberhalb der Arbeitsplatte, in etwa 105 cm Höhe, vorzusehen. Eine Ausnahme ist die Herdanschlussdose, die üblicher-

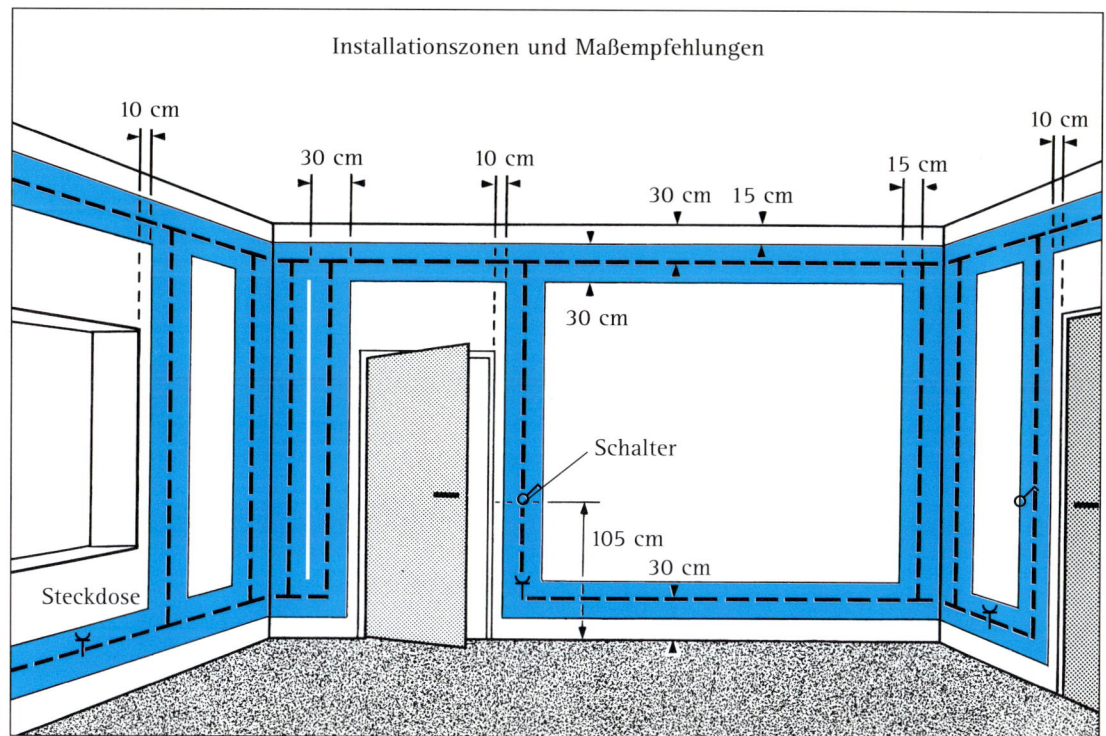

Installationszonen und Maßempfehlungen

10 cm

30 cm   10 cm

30 cm   15 cm

15 cm

10 cm

30 cm

Schalter

105 cm

30 cm

Steckdose

weise etwa 50 cm über dem Fußboden montiert wird.

Die hier angegebenen Maße für die Leitungsverlegung sind keine Festmaße, die unbedingt millimetergenau eingehalten werden müssen, sondern sie geben Installationszonen an. Abweichungen von 15 cm nach oben und unten sowie 5 bis 10 cm nach rechts und links sind zulässig. Die Einhaltung der Maße stellt sicher, dass man auch nach Jahren noch angeben kann, an welchen Stellen der Wand Leitungen verlegt sind, und an welchen Stellen man unbekümmert bohren oder stemmen kann.

Leitungen müssen von Heizungs- und Warmwasserrohren ausreichenden Abstand halten, da durch eine etwaige Erwärmung die Isolierung beschädigt werden kann und ausserdem die Belastbarkeit des Leitungsquerschnitts verringert wird. Die Leitungen sollen deshalb nach Möglichkeit nicht mit Heizungs- und Sanitärinstallationen in einem gemeinsamen Schacht verlegt werden.

Vor Beginn der Reparaturarbeiten kontrollieren, ob die Sicherung wirklich ausgeschaltet und die Leitung damit spannungsfrei ist. Nicht vergessen: Warnschild am Sicherungskasten anbringen!

Installationszonen und Maßempfehlungen für das Verlegen von elektrischen Leitungen und die Montage von Schaltern und Steckdosen

Von Telefon- und Antennenleitungen ist ein Abstand von mindestens 1 cm einzuhalten, um Störungen zu vermeiden.

Im Erdreich dürfen nur dafür geeignete Kabel, zum Beispiel mit dem Kurzzeichen NYY-J, verlegt werden.

Für kurze Strecken, wie beispielsweise für den Anschluss einer Aussenbeleuchtung oder für eine Verbindung vom Haus zur Garage, darf auch eine Mantelleitung (NYM) im Schutzrohr verwendet werden. Das Schutzrohr muss gegen Eindringen von Wasser geschützt und belüftet sein, damit möglicherweise auftretendes Schwitzwasser trocknen kann. Die Leitung muss zugänglich und auswechselbar bleiben.

Angebohrte Leitung reparieren

Irgendwann passiert es bei aller Vorsicht doch einmal: Man bohrt ein Loch in die Wand, es blitzt, und die unter Putz verlegte Elektroleitung ist beschädigt. Meist ist der Folgeschaden gering, da die Sicherung bei dem dadurch entstehenden Kurzschluss den Stromkreis sofort unterbricht. Da moderne Handbohrmaschinen schutzisoliert sind, ist man auch weitgehend vor einem elektrischen Schlag geschützt.

Mittlere Einbauhöhen

Wohnräume

Lichtschalter	105 cm
Schalter-Steckdosen-Kombination	105 cm
Steckdose	30 cm
Verteilerdose	220–250 cm

Küche

Küchensteckdosen	105 cm
Herdanschlussdose	50 cm
Kochendwassergerät	140 cm

Die Reparatur der Leitung muss allerdings sehr sorgfältig geschehen, damit der Schaden dauerhaft behoben wird. Man darf deshalb die beschädigten Aderenden nicht irgendwie miteinander verbinden, sondern man muss vorgehen wie bei einer Neuinstallation und jede Art von Improvisation vermeiden.

Im Bereich der beschädigten Leitung wird deshalb ein Loch mit dem Durchmesser und der Tiefe einer Abzweigdose gestemmt und die Abzweigdose mit Gips eingesetzt. Die Aderenden werden abisoliert und in der Abzweigdose durch Aderklemmen miteinander verbunden. Die Dose wird mit einem Federdeckel verschlossen und übertapeziert. Auf diese Weise wird der Schaden sachgerecht repariert, und die Leitung ist in ihrer Qualität in keiner Weise beeinträchtigt.

Besonderheiten bei Stegleitungen

Im Neubau verlegt man auf Wänden, die verputzt werden, häufig Stegleitungen. Genauso gut eignen sie sich auch für Erweiterungen einer Installation, wenn in den Putz nachträglich Schlitze gestemmt oder gefräst werden.

Stegleitungen haben den Vorteil, dass sie nur wenige Millimeter dick sind und daher leicht in einer Putzschicht verlegt werden können. Sie müssen zum Schutz vor Beschädigungen in ihrem ganzen Verlauf mindestens 4 mm vom Putz bedeckt sein.

In größeren Räumen sollte eine vier- oder fünfadrige Stegleitung zum Deckenanschluss und zum zugehörigen Schalter gelegt werden, um die Möglichkeit einer nachträglichen Erweiterung zu einer Serienschaltung nicht auszuschließen.

Aber Vorsicht, Stegleitungen eignen sich nicht für alle Situationen. Stegleitungen dürfen nicht verlegt werden:

- in Installationskanälen
- auf brennbaren Baustoffen (in Holzhäusern auch dann nicht, wenn eine Putzabdeckung vorhanden ist)
- unter Gipskartonplatten, die auf einem Lattenrost angebracht werden
- in Beton
- auf oder unter Streckmetall und Drahtgewebe
- im Erdreich (auch nicht im Schutzrohr)

Verlegetechnik

Bei mehreren Stegleitungen nebeneinander soll zwischen den Leitungen ein Abstand von 1–2 cm sein, damit der Putz zwischen den Leitungen Halt findet und nicht abblättert.

Bögen werden rechtwinklig umgeklappt. Für die dabei entstehende Verdickung ist das Mauerwerk an der Bogenstelle etwas auszustemmen, so dass die Leitung ausreichend vom Putz bedeckt ist.

Geschickter, weil ohne Verdickung, ist der Bogen, wenn eine oder zwei Adern nach innen gezogen werden. Dazu wird die Steg-

GEWUSST WIE

→ **auf Putz**
Die Leitung ist auf der fertigen Wand vollständig sichtbar

→ **unter Putz**
Die Leitung liegt im Mauerwerk und wird von der vollen Dicke der Putzschicht bedeckt.

→ **im Putz**
Die Leitung liegt auf dem Mauerwerk und wird von der Putz- schicht überdeckt.

Beim Neubau werden häufig Stegleitungen verwendet. Wegen ihrer geringen Dicke müssen die Wände nicht geschlitzt werden

Stegleitungen sollen Abstand zueinander haben, damit der Putz besser hält. Bei den rechts liegenden Leitungen ist der Abstand zu klein, die linke Leitung ist richtig verlegt

Stegleitungsbogen mit nach innen gezogener Ader

leitung in der Längsrille auf einer Länge von etwa 15 cm aufgetrennt.

Die Befestigung der Stegleitung auf der Wand erfolgt mit Gipspflastern. Dazu wird mit einem Spachtel alle 20–30 cm ein Batzen Gips aufgetragen und die Leitung so lange festgehalten, bis der Gips abbindet. Diese Verlegetechnik erfordert etwas Übung und unter Umständen auch einen Helfer zum Halten der Leitung.

Ebenso zulässig ist die Befestigung mit Stegleitungsnägeln. Die Nägel werden durch die Rille zwischen zwei Leitern der Stegleitung geschlagen.

Eine Verletzung der Leitungsisolation durch den Nagel muss vermieden werden. Ist es trotz aller Vorsicht geschehen, wird das ganze Leitungsstück ausgewechselt. Kreuzen einander zwei Stegleitungen dürfen sie nicht mit einem gemeinsamen Nagel befestigt werden.

GEWUSST WIE

Stegleitungsnägel bestehen aus gehärtetem Stahl und haben eine Unterlegscheibe aus Isolierstoff. Die Länge der Nägel wird entsprechend dem Untergrund gewählt (ausprobieren!). Es dürfen auf keinen Fall andere Nägel, die gerade zur Hand sind, verwendet werden.

Stemmarbeiten

Beim Stemmen von Mauerwerksschlitzen für Leitungen sollte man sehr zurückhaltend sein. Schlitze sind nur zulässig, wenn sie die Standfestigkeit der Wände nicht gefährden. In Wänden aus Hohlblock- oder Lochsteinen sind nur senkrechte Schlitze bis zu einer Tiefe von 3 cm erlaubt. Im Mauerwerk von Schornsteinen sind Schlitze genauso verboten wie Aussparungen für Unterputzschalter und Abzweigdosen. Das Stemmen mit Hammer und Meißel gefährdet die Standfestigkeit von Wänden. Besser ist es, Schlitze mit einem Vorsatz der Handbohrmaschine zu fräsen oder mit einem Trennschleifer zu schneiden.

Löcher für die Aufnahme von Schalter- und Verteilerdosen können mit Hammer und Meissel gestemmt werden. Hat man mehrere Unterputzdosen einzubauen, kann dies eine sehr schweißtreibende Arbeit werden. Man kann statt dessen mit einer Bohrmaschine und einer mit Hartmetall bestückten Bohrkrone die Löcher genau passend fräsen. Für diese Arbeit ist eine leichte Heimwerkerbohrmaschine nicht geeignet, optimal ist die Verwendung eines Bohrhammers.

Aussparungen für die Schalterdosen können mit einer Bohrkrone maßgerecht hergestellt werden

elektrische und mechanische Verbindung gewährleisten. Bei Steckklemmen für den Anschluss mehrerer Leiter werden die Adern unabhängig voneinander verklemmt, die Verbindung ist zug- und rüttelsicher.

Eine lose Verbindung in einer Klemme ergibt einen Wackelkontakt, der Rundfunkstörungen und eine Erwärmung der Verbindung zur Folge hat. Unter Umständen

Verbinden der Leitungen

Leitungen dürfen nur in dafür vorgesehenen Dosen oder Kästen miteinander verbunden werden. Dafür werden Leitungsklemmen verwendet, in denen die zu verbindenden Leiter mit einer Schraube festgeklemmt werden. Ebenfalls zulässig sind schraubenlose Steckverbindungsklemmen, die eine sehr gute

Bevor man die Leiter mit Aderklemmen verbindet, müssen sie etwa 10 mm weit abisoliert werden: Hier mit der Abisolierzange

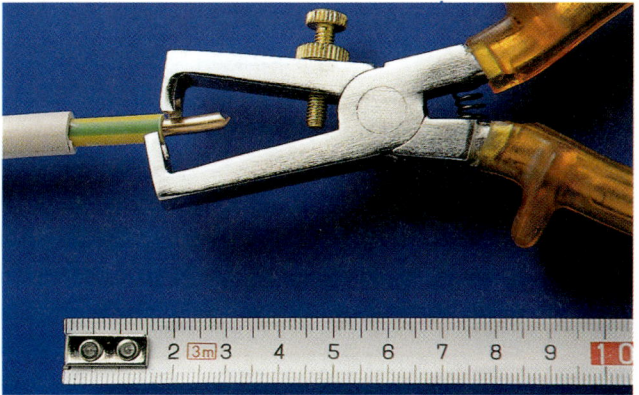

kann eine lose Verbindung zum Brand führen.

Die Klemmen werden in Unterputz- oder Aufputzdosen untergebracht. Die Verteilerdosen, auch Abzweigdosen genannt, haben in der Regel einen Durchmesser von 70 mm. Sie dienen nur zum Abzweigen von Leitungen, nicht zur Aufnahme von Schaltern oder von anderen Geräten. Sie werden senkrecht über Schaltern und Steckdosen angebracht.

Schalter und Steckdosen werden in Schalterdosen mit einem Durchmesser von 58 mm eingebaut. In Schalterdosen dürfen Leitungen nicht miteinander verbunden werden.

Geräteverbindungsdosen (Abzweigschalterdosen) sind tiefer als Schalterdosen und können einen Schalter oder eine Steckdose sowie einige Leitungsklemmen aufnehmen. Dadurch ist es möglich, die Zahl der Abzweigdosen zu verringern. Ein weiterer Vorteil ist der, dass die Störungssuche leichter wird, weil man an der Verbindung arbeiten kann, ohne eine Leiter zu besteigen. Nachträgliche Änderungen sind ebenfalls leicht möglich, da man durch Herausnehmen des Schalters oder der Steckdose die Verbindungsklemmen erreicht, ohne die Tapete an einer Abzweigdose zu beschädigen.

Leuchten werden mit Anschlussklemmen, auch Lüsterklemmen genannt, angeschlossen.

Für den Anschluss von Wand- oder Deckenleuchten sollte nicht

Verbindung der Adern in einer Aufputz-Abzweigdose mit Aderklemmen

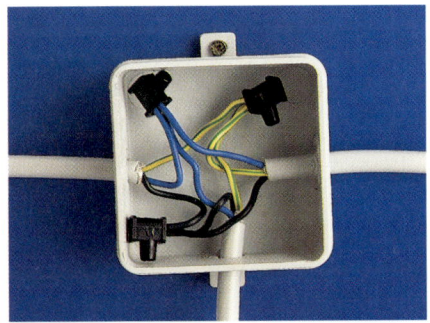

Noch übersichtlicher sind diese in der Dose befestigten Klemmen

Schraubenlose Steckklemmen erlauben schnelles Arbeiten

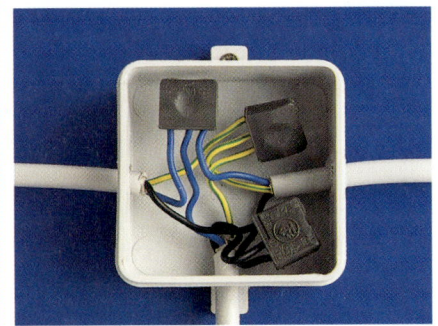

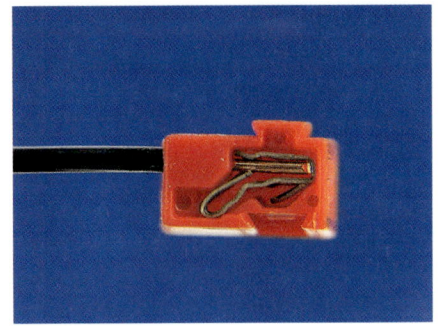

Zum Lösen der Leiter in schraubenlosen Klemmen: fest ziehen und gleichzeitig hin- und herdrehen

Schalter- und Abzweigdosen mit den dazugehörigen Deckeln

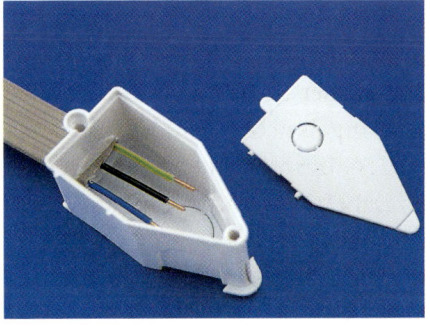

Wandleuchten können mit einer Unterputzanschlussdose montiert werden

nur die Leitung aus der Wand herausragen. Bei dieser sehr häufig angewandten Verlegungsart hat das Ende der Leitung keinen Halt. Dadurch kann beim Anschließen der Putz ausbrechen. Besser ist es, eine Leuchtenanschlussdose einzubauen, in der noch zusätzlich Platz für die Lüsterklemme ist. Deckenlampen dürfen nicht an einer elektrischen Leitung, sondern nur an einem eingedübelten Haken aufgehängt werden.

Bevor die Wände gestrichen und tapeziert werden, sind alle Leitungen und Verbindungen auf einwandfreie Funktion zu prüfen.

Bei Maler- und Tapezierarbeiten in der Nähe der Elektroinstallation müssen die Leitungen spannungsfrei geschaltet werden (Sicherung ausschalten oder herausdrehen). Alle Schalter und Steckdosen werden erst nach Beenden der Malerarbeiten und nach vollständigem Austrocknen angeschlossen.

Dosen, Schalter, Leitungen

Eingipsen der Schalterdosen

Unterputzschalterdosen sowie -abzweigdosen werden mit Gips befestigt. Zunächst prüft man, ob das in die Wand gestemmte oder gebohrte Loch tatsächlich ausreicht, die Dose aufzunehmen. Unter Umständen muss man die Ver-bindungsstege der Dose abbrechen oder für die Einführung der Kabel in der Wand Platz schaffen.

Die Kabel werden durch die dafür vorgesehenen Aussparungen in die Dose eingeführt. Die Wand wird gründlich vorgenässt und mit dem Spachtel ein Batzen Gips in das Loch gegeben. Die Schalterdose wird in den plastischen Gips gedrückt, so dass er an den Seiten hervorquillt. Die Dose wird so tief in die Wand gesetzt, dass sie entsprechend der Putzstärke etwa 10 bis 15 mm aus dem Mauerwerk hervorsteht. Nach dem Verputzen

Die Leitungen werden in die Unterputzdose eingeführt und die Dose mit Gips befestigt

Zum Verputzen werden die Adern in die Dose gedrückt. Die Dose wird mit einem Putzdeckel verschlossen oder mit Papier verstopft. Dadurch wird verhindert, dass Mörtel in die Dose gerät

GEWUSST WIE

Zum Anrühren von Gips nimmt man einen Gummibecher, in den etwa eine halbe Tasse Wasser gefüllt wird. In das Wasser wird mit einem Spachtel Gips eingestreut, den man zu Boden sinken und kurz sumpfen lässt. Der Gipsbrei wird kräftig umgerührt und ist zur Verarbeitung fertig. Nie Wasser in Gips geben, da sonst unauflösliche Klumpen entstehen.

soll die Dose glatt mit der Wand abschließen.

Mit dem Spachtel wird der freie Spalt um die Dose voll Gips gestrichen, damit die Dose und die Leitungen festen Halt bekommen. Die angerührte Gipsmenge reicht für eine Dose. Bei etwas Übung kann man auch eine etwas größere Menge anrühren und zwei bis drei Dosen hintereinander festsetzen oder mit dem Gipsrest Leitungen an der Wand festpflastern.

Da der Gips in wenigen Minuten abbindet, darf die Menge nicht zu groß sein, sondern es sollte immer wieder neu angerührt werden. Vor dem Ansetzen einer neuen Portion Gips muss der Gipsbecher sauber ausgespült werden, da geringe Reste von abgebundenem Gips das Aushärten beschleunigen und die Verarbeitungszeit dadurch zu kurz wird.

Hohlwanddosen

In Wänden aus Gipskartonplatten („Rigips", „Fermacell") oder in profilholzverkleideten Wänden kann man keine Unterputzschalterdosen eingipsen. Man verwendet hier Hohlwanddosen. Sie werden mit Klammern, die hinter die Wandverkleidung greifen, in der Wand befestigt. Dazu ist es erforderlich, dass das Loch für die Hohlwanddose sehr genau geschnitten wird, damit sie festen Halt bekommt.

Man kann dieses Loch mit einem Bleistift auf der Wand aufzeichnen und mit der Stichsäge aussägen, besser (und schneller) jedoch ist eine genau passende Lochsäge.

Einbau

Die Bohrungen für die Hohlwanddosen werden angezeichnet. Bei zwei Dosen nebeneinander zeichnet man zweckmäßigerweise einen waagerechten Strich mit Hilfe einer Wasserwage. Dabei muss der genormte Abstand von 71 mm genau eingehalten werden, damit die Steckdosen- oder Schalterabdeckung passt

Mit einer Lochsäge oder Bohrkrone an der Handbohrmaschine werden mit einer Drehzahl von etwa 1000 Umdrehungen die Löcher ausgeschnitten

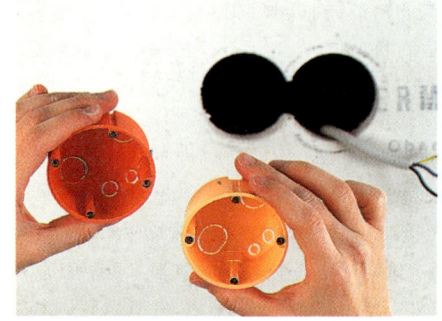

Wenn der Steg zwischen den Löchern bei der Montage stört, kann er mit einer Zange oder einer Säge entfernt werden

Die hinter der Wandverkleidung verlegte Leitung wird durch die Öffnung geführt. In die Löcher können Schalterdosen oder die tieferen Abzweigschalterdosen eingebaut werden

Entsprechend der Anzahl der verwendeten Leitungen werden an der Hohlwanddose die Durchbrüche geöffnet. Die Leitung kann nun durchgeführt und die Dose eingesetzt werden

Mit den zwei Schrauben werden die hinter der Wand liegenden Klammern angezogen. Die Hohlwanddose hat an der Vorderseite einen verstärkten Rand, der ein Durchrutschen durch das Loch verhindert

In den vorhergehenden Bildern wurde die Hohlwanddose montiert; sie ist nun für die Aufnahme der Steckdose vorbereitet. Man hat bei der Hohlwanddose aber auch die Möglichkeit, die Steckdose außerhalb der Wand vorzumontieren

Bei dieser günstigen Montageart werden die Hohlwanddose und die Steckdose zusammen eingesetzt und dann in der Wand befestigt. Vorteilhaft ist, dass die Anschlussklemmen bei der Montage außerhalb der Wand leicht zugänglich sind

Schalter-kombinationen

Aus der modernen Wohnungsinstallation sind sie nicht mehr wegzudenken: Unterputzschalterkombinationen, mit denen eine große Anzahl von Schaltern und Steckdosen elegant in einem Rahmen zusammengefasst werden.

Schalterkombinationen gibt es in einer großen Vielzahl von Formen und Farben, und die Hersteller versuchen, sich gegenseitig in der Auswahl zu übertreffen. Das Grundprinzip ist jedoch immer das gleiche: Die Unterputzschalterdosen werden in waagerechter oder in senkrechter Reihe mit dem genormten Abstand von 71 mm von

Mitte zu Mitte in der Wand eingebaut. Nachmessen ist nicht nötig, da die Schalterdosen durch Steckverbindungen zusammengehalten werden, die stets den richtigen Abstand gewährleisten.

In die Schalterdosen werden beispielsweise Schalter, Steckdosen, Telefonanschlussdosen und andere Geräte montiert. Alles zusammen wird mit einem entspre-

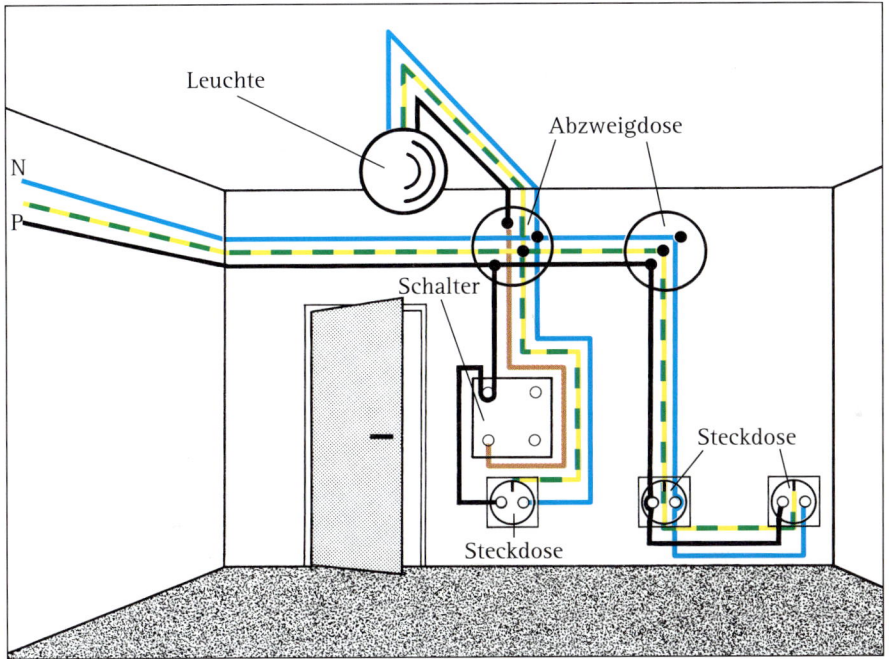

Leuchte

Abzweigdose

N

P

Schalter

Steckdose

Steckdose

Anschluss der
Schalter-Steckdo-
sen-Kombination
und Durchschlei-
fen der Leitungen
von einer Steck-
dose zur nächsten

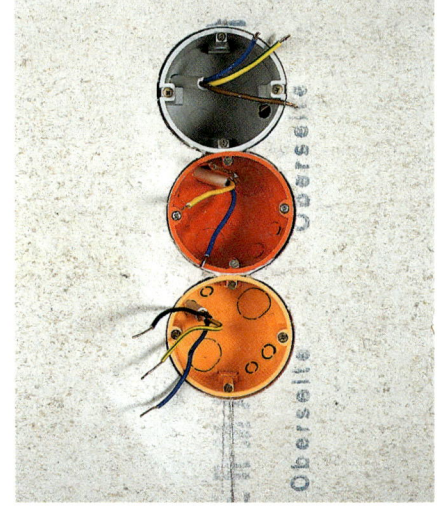

Schalter-Steckdosen-Kombination mit drei Hohlwanddosen

Nach dem Verputzen und Tapezieren können die Geräte montiert werden

Der Rahmen fasst Schalter und Steckdosen zu einer Einheit zusammen

chenden Rahmen abgedeckt. Anschließend werden die Steckdosen-abdeckungen montiert und schließlich die Wippen für die Schalter aufgedrückt.

Ganz so schnell – wie hier beschrieben – geht es natürlich doch nicht: Entweder sitzen die eingebauten Geräte nicht genau passend für die Abdeckung, weil sie mit den Spreizklemmen unterschiedlich eingebaut werden können, oder es klemmt sonst etwas. Mit etwas Geduld und Fingerspitzengefühl erhalten Sie schließlich doch noch eine gelungene Schalterkombination.

Die Zahl der miteinander zu kombinierenden Geräte ist lediglich abhängig von den Abdeckrahmen. Mehr als vier bis fünf Geräte in einer Reihe sollte man aus optischen Gründen nicht wählen.

Übliche für den Einbau geeignete Geräte und Bauteile sind:

▶ Aus- und Wechselschalter (durch Einsetzen einer Glimmlampe auch beleuchtbar)
▶ Kreuzschalter
▶ Taster (mit verschiedenen Symbolen für Klingel, Licht usw.)
▶ Kontrollschalter (die mit einer Glimmlampe anzeigen, ob sie eingeschaltet sind)
▶ Serienschalter (für zwei getrennt zu schaltende Leuchten)
▶ Dimmer (elektronische Helligkeitsregler)
▶ Schutzkontaktsteckdose, mit oder ohne Klappdeckel

- Antennensteckdose für Fernsehen und Rundfunk
- Lautsprechersteckdose mit zweipoligen Steckbuchsen für Mono und Stereo
- Abdeckung für Telefonanschluss
- Blindabdeckung, wenn die Dose leer bleiben soll oder ein Stromstoßschalter eingebaut wird
- Variationen und Sonderausführungen für viele dieser Geräte

Leitungen in Installationsrohren

Leitungen unter Putz können in flexiblen, gewellten Kunststoffrohren untergebracht werden. Sie werden in Schlitzen im Mauerwerk verlegt, so dass sie vollständig vom Putz überdeckt sind und man sie beim Verputzen nicht beschädigt. Die Rohre werden mit Rohrhaken oder Gipspflastern im Mauerwerk befestigt. Die Leitungen werden erst nach dem Verputzen eingezogen, wenn der Bau ausreichend trocken ist.

Diese Rohre benützt man vor allem, um nachträglich Leitungen zu verlegen. Sie sind genauso gut für die Hausinstallation wie für Telefon- und Antennenleitungen geeignet. Starkstrom und Antennen- oder Telefonleitungen sollten wegen der Abstände der Leitungen zueinander nicht zusammen in einem Rohr verlegt werden.

GEWUSST WIE

Beim Verlegen von Installationsrohren sollte ein Draht in die Rohre eingefädelt werden, der an den Schalter- und Abzweigdosen hervorsteht. An diesem Draht befestigt man bei Bedarf die neue Leitung und zieht sie ohne Schwierigkeiten ein.

In jedem Rohr dürfen nur Leitungen des gleichen Stromkreises verlegt werden.

Aufputzinstallationen werden häufig in grauen Installationsrohren aus Hart-PVC verlegt. Die geraden Rohre sind drei Meter lang, sie lassen sich mit einer Puksäge leicht auf jedes beliebige Maß kürzen. Installationsrohre gibt es unter anderem mit Innendurchmessern von 11, 13,5, 16, 23 und 29 mm. Für Bögen gibt es besondere Formstücke, die mit Muffen auf die Rohre gesteckt werden. Zum Anschluss von Aufputzsteckdosen, Schaltern und Abzweigdosen werden die Leitungen aus dem Rohr heraus und in das Gerät eingeführt.

Die Installationsrohre schützen die Leitungen vor mechanischen Beschädigungen. Da in ihnen bei ausreichend dimensioniertem Durchmesser auch mehrere Mantelleitungen und Kabel zusammen verlegt werden können, vereinfachen sie die Installation und vermitteln den Eindruck einer sehr ordentlichen Leitungsführung.

Anschlüsse oder Verbindungen und Abzweigungen dürfen nur in Dosen gemacht werden.

Leitungsverlegung auf Putz

Häufig gibt es keine andere Möglichkeit: Die Leitung muss sichtbar verlegt werden. Dabei bedeutet „auf Putz" nicht nur das Verlegen von Leitungen, Schaltern und Steckdosen auf verputzten Wänden, sondern genauso auf Sichtmauerwerk, auf Bretterwänden oder Balken.

Für diese Leitungen gelten strengere Vorschriften als bei Verlegung in der Wand. Es dürfen nur Mantelleitungen oder Kabel verwendet werden, keine Stegleitungen. Bei der Verwendung von In-

stallationsrohren dürfen auch Aderleitungen verwendet werden, eine Anwendung, die in der Wohnungsinstallation seltener ist.

Die sichtbar verlegte Leitung muss mit passenden Schellen ausreichend befestigt werden, damit sie nicht durchhängt oder Abstand von der Wand hat. Das bedeutet, dass bei waagerechten Leitungen der Abstand zwischen zwei Schellen höchstens 30 cm, bei senkrechten Leitungen maximal 40 cm beträgt. Vor dem Verlegen der Leitung wird der Verlauf mit Bleistift und einem langen Lineal oder Brett angezeichnet.

Zunächst werden die Sockel der Steckdosen mit Holzschrauben und Dübeln auf der Wand befestigt. Darauf befestigt man die Leitung entlang der Bleistiftlinie mit Schellen. Es gibt Leute, die die Qualität des Elektrikers daran messen, wie ordentlich und wie geradlinig der Leitungsverlauf ist.

Liegen zwei oder mehr Leitungen nebeneinander, achtet man auf einen gleichmäßigen Abstand zueinander und setzt auch die Schellen in eine Reihe nebeneinander. Einfacher wird das Verlegen mehrerer Leitungen, wenn man sie gemeinsam durch ein Installationsrohr oder einen rechteckigen Kabelkanal führt. Kabelkanäle sind aus grauem Hart-PVC . Sie werden auf der gesamten Länge mit einem Deckel verschlossen und erlauben dadurch auch nachträglich Zugang

Mantelleitungen können mit Nagelschellen auf der Wand befestigt werden

oder das zusätzliche Verlegen einer später notwendigen Leitung.

Schalter, Steckdosen und andere Geräte gibt es in großer Auswahl in normaler und in Feuchtraum-Ausführung. Die Feuchtraumgeräte sind spritzwassergeschützt und sollten immer dann gewählt werden, wenn die Gefahr besteht, dass sie mit nassen Händen berührt werden oder Wasserspritzern ausgesetzt sind.

Montage einer Aufputzsteckdose

Der Sockel der Steckdose wird mit zwei Holzschrauben befestigt, auf Mauerwerk mit 6-mm-Dübeln. Anschließend werden die Leitungen verlegt und mit Schellen befestigt. Die Stahlnägel können direkt in das Mauerwerk eingeschlagen werden. Bei harten Steinen besteht allerdings die Gefahr, dass sie abbrechen. In diesem Fall nur kurze Nägel entsprechend der Putzdicke verwenden.

Bevor die Leitungen in die Dose einmünden, werden sie gekröpft. Das heißt, sie werden in einem sauberen Bogen so geführt, dass sie im rechten Winkel in die Steckdose einmünden. Bei der Montage wird die Leitung auf entsprechender Länge abisoliert. Dabei kann man ruhig etwas großzügig die Aderenden überstehen

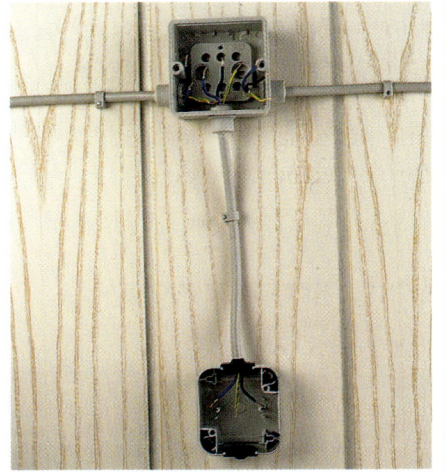

Die Verbindung zwischen Abzweigdose und Steckdose ist hergestellt

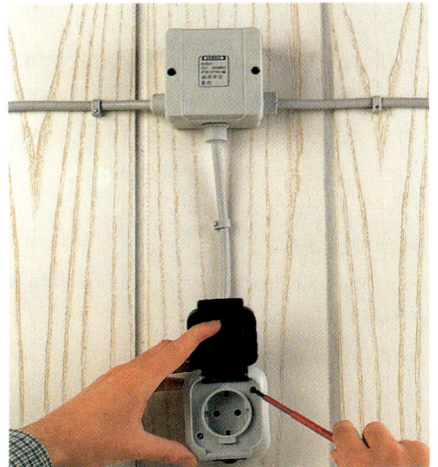

Abzweig- und Steckdose werden geschlossen. Die Sicherung wird eingeschaltet und die Kontakte an der Steckdose werden mit dem Spannungsprüfer auf einwandfreie Funktion überprüft

lassen. Es ist besser, bei der Montage die Adern zu kürzen, als dass sie nicht lang genug sind.

Diese Anleitung zur Montage der Steckdose gilt sinngemäß auch für die Montage von Schaltern.

Abzweigdose montieren

Die Abzweig- oder Verteilerdose wird mit zwei Holzschrauben befestigt (auf Mauerwerk mit 6-mm-

Die Abzweig- oder Verteilerdose wird an der Wand befestigt

Die Leitungen werden abisoliert und mit Klemmen miteinander verbunden

Nach einer Sicht- und Funktionsprüfung der angeschlossenen Geräte kann die Abzweigdose geschlossen werden

Dübeln). Es gibt Verteilerdosen mit Klemmverschluss und solche mit verschraubbarem Deckel. Die Sicherung des Deckels mit einer Schraube bietet besseren Schutz vor unbefugtem Öffnen, da man dazu Werkzeug benötigt.

Es sind mehrere Arten der Verbindung der Leiter möglich. Die Abzweigdose im Bild ist auch für Leitungen mit stärkerem Querschnitt zulässig, da sie feste Klemmen hat. Es stehen vier Klemmen zur Verfügung, so dass auch ein Schalter angeschlossen werden kann. Die Leitungen werden nach dem Anklemmen möglichst sauber und übersichtlich in die Dose gedrückt.

Beim Einführen der Leitungen in die Klemmen ist die Spitzzange oder die gekröpfte Zange hilfreich. Da man mit ihr Leitungen an engen Stellen besser biegen kann als mit der Hand, hilft die Spitzzange, die Leitungsführung übersichtlicher zu machen.

Nach einer Sicht- und Funktionsprüfung der angeschlossenen Geräte kann die Abzweigdose geschlossen werden.

Anschlüsse und Geräte in Feuchträumen

In Badezimmern oder im Freien besteht die Gefahr, dass die elektrische Anlage durch spritzendes Wasser oder auch Kondenswasser nass wird. Feuchtigkeit erhöht die Gefahr von elektrischen Unfällen, deshalb sind besondere Sicherheitsmaßnahmen vorgeschrieben.

Feuchte und nasse Räume

Als feucht bezeichnet man Räume, in denen mit Wasser hantiert wird, etwa in einer Waschküche. Von einem nassen Raum spricht man, wenn seine Wände, beispielsweise zu Reinigungszwecken, mit Wasser abgespritzt werden, aber auch Gewächshäuser und andere Räume mit sehr hoher Feuchtigkeit.

In diesen Räumen dürfen nur Feuchtraumleitungen mit Kunststoffumhüllung (zum Beispiel mit Kennzeichen NYM) verwendet werden. Unterputzinstallationen benötigen abgedichtete Unterputzschalter, Steckdosen und Abzweigdosen. Aufputzschalter, Abzweig- und Steckdosen sowie Leuchten sind in mindestens tropfwassergeschützter Ausführung erforderlich (Schutzart IP...1, Kennzeichen ⬧).

> **Feuchtigkeit ist beim Umgang mit elektrischem Strom gefährlich**, da sich bei nasser Haut der elektrische Widerstand des Körpers verringert. In Badezimmern ist besondere Vorsicht angesagt. Durch die Wasserleitungen ergibt sich ständig ein guter Erdschluss, und bei Fehlern an Elektrogeräten kann der Strom ungehindert durch den menschlichen Körper fließen.

Unterputz-Feuchtraum-Steckdose

Bei Feuchtraum-Aufputzschaltern und -steckdosen wird die Leitung durch eine Gummidichtung geführt

An der Einführung in Geräte muss die Leitung feuchtigkeitssicher abgedichtet sein. Nasse Räume erfordern die weitergehende Schutzart IP...5.

Als zusätzliche Sicherung für alle Feuchträume sollte eine Fehlerstromschutzschaltung mit einem Auslösestrom unter 30 mA vorhanden sein.

Anlagen im Freien

Hier gelten die gleichen Bestimmungen wie für feuchte Räume. Da PVC-Leitungen durch die Sonneneinstrahlung schnell altern, sollten Leitungen möglichst unter

Dachvorsprüngen oder ähnlich geschützt verlegt werden. Erdverlegte Leitungen sind ebenfalls gut geschützt. Schwarzen Leitungen ist in der äußeren Ummantelung Ruß beigemischt. Sie sind dadurch gegenüber der UV-Strahlung der Sonne beständiger und für Außenanlagen besser geeignet. Stegleitungen dürfen auf keinen Fall außen verlegt werden, auch nicht in Schutzrohren.

Badezimmer und Duschen

Nach den Bestimmungen der VDE 0100 wird ein Badezimmer in vier Bereiche eingeteilt. Hiermit werden vier unterschiedliche Gefahrenzonen gekennzeichnet.

Der Bereich 0 liegt im Inneren der Bade- oder Duschwanne. Innerhalb dieses Bereiches dürfen keinerlei Elektrogeräte benutzt und/oder montiert werden.

Unterputz-Feuchtraumgeräte werden aus Gerätesockeln, Rahmen und Abdeckplatten zusammengebaut

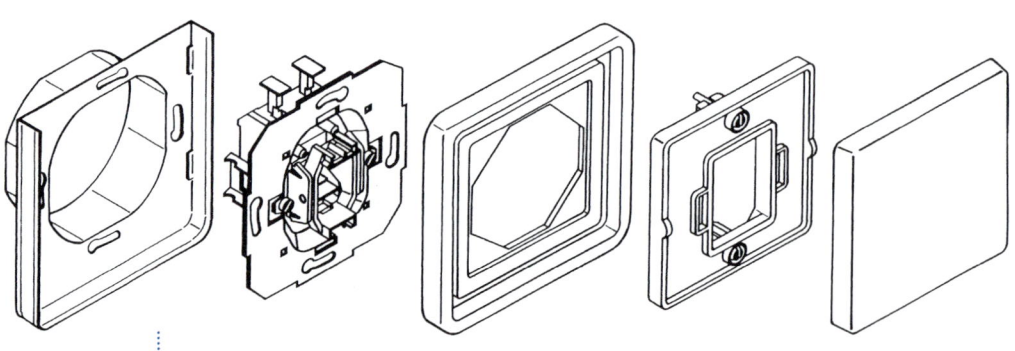

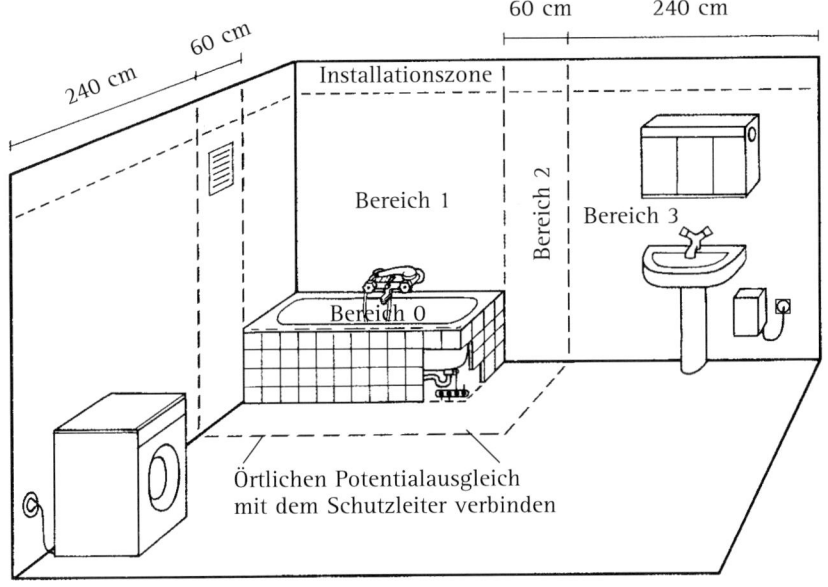

60 cm   240 cm

240 cm   60 cm

Installationszone

Bereich 1

Bereich 2

Bereich 3

Bereich 0

Örtlichen Potentialausgleich
mit dem Schutzleiter verbinden

Der Bereich 1 umfasst die senkrechten Wände um die Bade- oder Duschwanne, vom Fußboden bis zu einer Höhe von 2,25 m. In diesem Bereich dürfen keine Steckdosen oder Lichtschalter montiert werden. Fest montierte elektrische Durchlauferhitzer oder Warmwasserspeicher sind zulässig, wenn sie spritzwassergeschützt sind.

Der Bereich 2 verläuft 60 cm um den Bereich 1. Auch in diesem Bereich dürfen keine Steckdosen oder Schalter angebracht sein. Leuchten sind zulässig, wenn sie der Schutzart IP...4 oder IP...5 entsprechen, das heißt, sie müssen spritzwassergeschützt sein.

Der Bereich 3 geht bis zu einem Abstand von 2,40 m um den Bereich 2, das heißt, der Abstand zur Dusche oder Badewanne beträgt 3 m. Genauso wie die anderen Bereiche reicht er bis zu einer Höhe von 2,25 m über dem Fußboden. Steckdosen in diesem Bereich sind nur zulässig, wenn sie über einen Fehlerstromschutzschalter mit einer Empfindlichkeit von höchstens 30 mA geschützt sind.

Alle metallischen Bauteile der Sanitärinstallation benötigen einen örtlichen Potentialausgleich. Das bedeutet, dass die Abläufe der Dusch- und Badewanne, die Wasserleitungen und auch die Heizungsleitung durch einen Potentialausgleichsleiter miteinander verbunden sind. Der Potentialausgleich ist auch nötig, wenn im Baderaum keine elektrischen Einrichtungen sind. Der Potentialausgleichsleiter ist eine isolierte Kup-

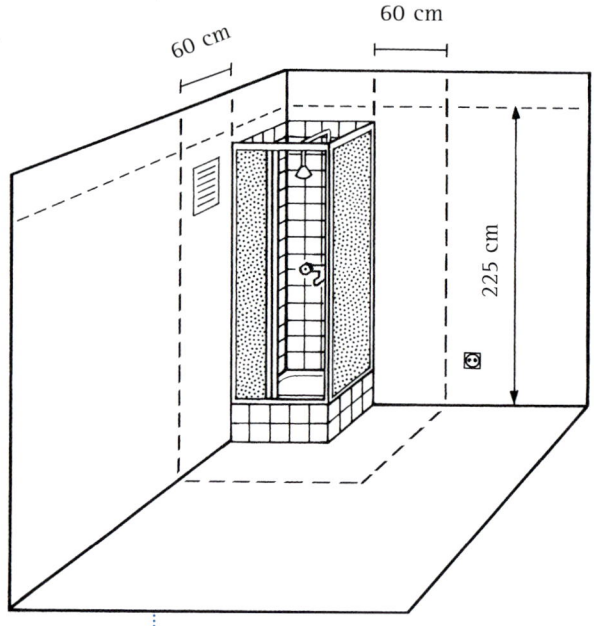

60 cm

60 cm

225 cm

Schutzbereiche in der Dusche

ferleitung (grün-gelb) mit mindestens 4 mm² Querschnitt oder ein verzinkter Bandstahl von mindestens 2,5 x 20 mm. Dieser Leiter wird am Verteiler oder an der Potentialausgleichsschiene mit dem Schutzleiter verbunden. Bei Stahlwannen mit Abflussrohren aus Kunststoff wird nur die Wanne an den Potentialausgleich angeschlossen. Dusch- und Badewannen haben an ihrer Unterseite eine Lasche mit einer Bohrung, daran kann die Ausgleichsleitung mit einer Schraube angeklemmt werden.

Schutzklassen in Wohnungen				
Bereich	0	1	2	3
Schutz-klasse	IP...7	IP...4	IP...4	IP...0

Die Bedeutung der Schutzklassen wird im Kapitel „Schutzarten und Schutzklassen" erklärt.

▶ Im Bereich 0, 1 und 2 dürfen keine Leitungen in oder unter Putz sowie hinter Wandverkleidungen verlegt werden, ausgenommen Leitungen zur Versorgung von im Bereich 1 oder 2 fest montierten Geräten. Die Leitungen müssen fest montiert und von hinten eingeführt werden.

▶ Leitungen zur Stromversorgung anderer Räume dürfen im Bereich 0 bis 3 nicht verlegt werden.

▶ Leitungen auf der Rückseite des Schutzbereichs, beispielsweise in nebenliegenden Räumen, müssen mindestens 6 cm Abstand zur Oberfläche des Badezimmers haben.

Sauna

Für eine Sauna gelten eine Reihe von Bestimmungen, vergleichbar den Bestimmungen für ein Badezimmer. Sie gilt aber nicht als Feuchtraum, sondern als trockener Raum.

Für eine selbst eingebaute Sauna im Haus sollte man beachten:

▶ Es dürfen nur wärmebeständige Leitungen verwendet werden (Sonderleitungen mit erhöhter Wärmebeständigkeit für Räume über 55° C)

▶ Steckdosen dürfen nicht in Saunakabinen angebracht werden

▶ Im Bereich von 0,5 m um die Saunaheizung dürfen nur Installationen vorgenommen werden, die zu dieser Heizung gehören (Bereich 1).

▶ Bis zu einer Höhe von 0,5 m über dem Boden werden keine besonderen Anforderungen an die Elektroinstallation gestellt (Bereich 2).

▶ Von dieser Höhe bis 0,5 m unter der Decke dürfen nur Leitungen, die einer Wärmebelastung von 170° C und Geräte, die bis 125° C standhalten, montiert werden (Bereich 3).

▶ Über diesem Bereich bis zur Decke (Bereich 4) dürfen nur Thermostate und Leitungsschutzschalter sowie die zugehörigen Verbindungsleitungen installiert werden. Die Temperaturfestigkeit muss dem Bereich 3 entsprechen.

▶ Die Stromversorgung der Saunaheizung ist durch einen Thermostaten zu unterbrechen, wenn im Bereich 4 die Temperatur über 140° C steigt.

▶ Sämtliche Saunaeinrichtungen dürfen ausschließlich über einen

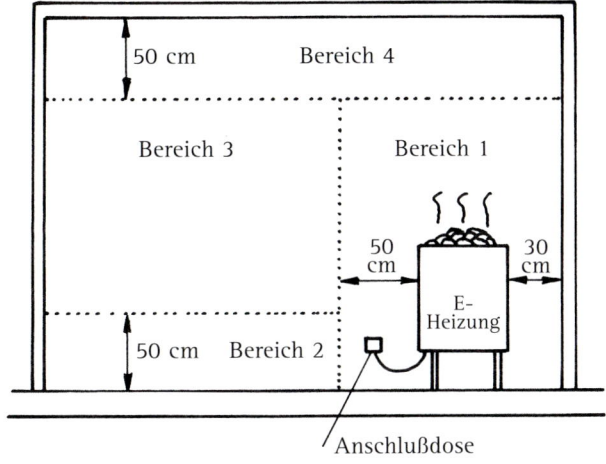

Schutzbereiche in der Sauna

festen Anschluss mit dem Netz verbunden sein.

▶ Alle Geräte der Saunaeinrichtung müssen mindestens die Schutzart IP24 aufweisen.

▶ Der Strom muss von einer außerhalb gelegenen Stelle abzuschalten sein.

Saunaöfen haben eine hohe Anschlussleistung und werden in der Regel mit Drehstrom betrieben. Aus diesem Grund sollten sie von einem Fachmann angeschlossen werden.

Ausseninstallation

Der Aussenbereich eines Hauses erfordert häufig einen elektrischen Anschluss, sei es zur Beleuchtung von Terrasse oder Balkon, sei es außerhalb des Hauses zum Heimwerken oder Rasenmähen.

Alle diese elektrischen Anlagen müssen tropf- oder spritzwassergeschützt sein, es gelten dieselben Bestimmungen wie für feuchte und nasse Räume.

Die Verteiler, Abzweigdosen, Schalter und Steckdosen müssen an der Einführungsstelle für die Leitung feuchtigkeitssicher abgedichtet sein. Falls eine Aufputzinstallation nicht gewünscht wird, können die Leitungen und Steckdosen auch unter Putz gelegt werden. Dafür verwendet man Einbausteckdosen mit wassergeschützter Abdeckung und mit einem Klappdeckel, der das Spritzwasser abhält. Bei Außenanlagen ist es besonders empfehlenswert, einen Fehlerstromschutzschalter mit einer Empfindlichkeit unter 30 mA zu verwenden, da durch den feuchten Boden eine gute Verbindung zur Erde besteht. Bei elektrisch angetriebenen Werkzeugen und bei

Rasenmähern kommt als weitere Gefahr noch die Möglichkeit der Beschädigung des Kabels hinzu, auch deswegen ist der Fehlerstromschutzschalter sinnvoll.

Werden Leitungen im Erdreich verlegt, sollen sie zum Schutz vor Beschädigungen (zum Beispiel bei Gartenarbeiten) mindestens 60 cm tief liegen, unterhalb von befahrbaren Wegen sogar 80 cm tief. Verwendet werden Kabel mit Kunststoffisolierung mit dem Kurzzeichen NYY oder andere für Erdverlegung geeignete Kabel. Für kurze Strecken kann auch eine Kunststoffmantelleitung (NYM) in einem belüfteten Schutzrohr verlegt werden.

Prüfen neuer Anschlüsse

Die fachgerechte Prüfung einer neuen Installation ist für einen Heimwerker schwierig, da er in der Regel nicht über alle notwendigen Messgeräte sowie über die nötige Erfahrung und das Wissen verfügt. Bei größeren Arbeiten ist es deshalb sinnvoll, einen Elektriker hinzuzuziehen, der folgende Prüfungen vornimmt:

▶ Anschluss und Wirksamkeit aller Schutzleiter
▶ Wirkung des Fehlerstromschutzschalters
▶ Messen des Isolationswiderstandes aller Leitungen

Darüber hinaus wird er alle Leitungen einer eingehenden Sichtkontrolle unterziehen und überprüfen, ob die Sicherungen dem jeweiligen Leitungsquerschnitt entsprechen.

Eine erste Prüfung neuer Steckdosen kann man auch mit dem zweipoligen Spannungsprüfer vornehmen:

▶ Zwischen den beiden Steckbuchsen muss eine Spannung von 230 V gemessen werden
▶ Zwischen Nullleiter und Schutzleiter darf der Spannungsprüfer unter keinen Umständen eine Spannung anzeigen

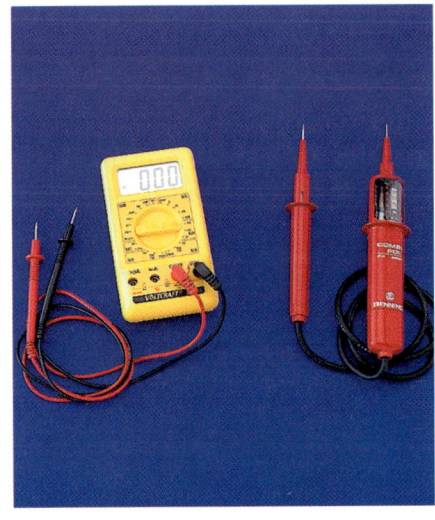

Links: Vielfachmessinstrument. Rechts: zweipoliger Spannungsprüfer

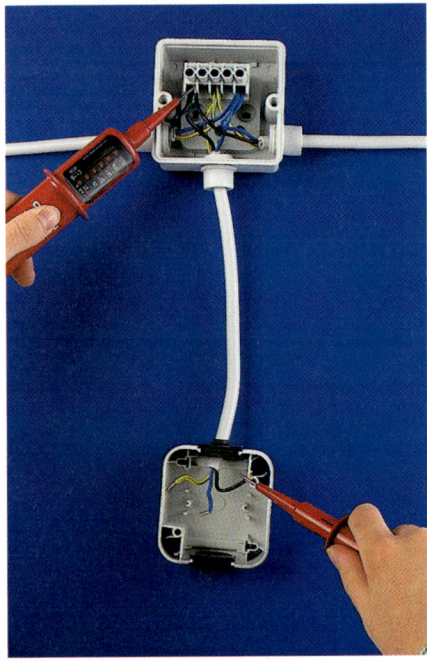

Der zweipolige Spannungsprüfer eignet sich sehr gut für die Überprüfung von Leitungen

▶ Ist ein Fehlerstromschutzschalter mit einem Fehlerstrom von 30 mA oder weniger vorhanden, soll er bei einer Verbindung von Phase und Schutzleiter mit einem zweipoligen Spannungsprüfer abschalten.

▶ Fehlt der Fehlerstromschutzschalter oder ist er weniger empfindlich, muss der Spannungsprüfer zwischen Phase und Schutzleiter 230 V anzeigen.

Sinngemäß können diese Prüfungen auch in Abzweigdosen beim Anschluss von Leuchten durchgeführt werden. Ergeben sich Werte, die von diesen Prüfpunkten abweichen, ist unbedingt ein Elektriker zu Rate zu ziehen.

Die wichtigsten Fachausdrücke

Ader Bezeichnung für die einzelnen Leiter in einem elektrischen Kabel

Akku (Akkumulator) Speichert Gleichstrom und kann bis zu 1000-mal wieder aufgeladen werden. Er ist damit umweltschonender als eine Batterie

Ampère Einheit der elektrischen Stromstärke, benannt nach dem französischen Physiker Ampère (1775–1836); Kurzzeichen A. Beispiel: Eine Sicherung ist für einen Strom von 10 A ausgelegt

Blitzschutz Gehört zur elektrischen Anlage und steht über den Potentialausgleich mit ihr in Verbindung

Candela Einheit der Lichtstärke; Kurzzeichen cd

Dämmerungsschalter Mit einer Fotodiode ausgerüsteter Schalter, der selbsttätig bei Einbruch der Nacht das Licht einschaltet

Drehstrom Kurzbezeichnung für Dreiphasenwechselstrom. Der Drehstromanschluss besteht aus drei Aussenleitern, dem Mittelleiter und dem Nullleiter. Mit dem Drehstromanschluss kann eine größere Leistung bereitgestellt werden

Erder Stellen die Verbindung einer elektrischen Anlage zur Erde her. Sie werden in der Hausinstallation für den Potentialausgleich und den Blitzschutz benötigt

Erdkabel Sind besonders hochwertig isoliert und ermöglichen die Verlegung elektrischer Leitungen im Erdreich und im Wasser

Erdschluss Durch einen Fehler entstandene Verbindung eines Aussenleiters oder Mittelleiters mit der Erde

Fehlerstrom Strom, der bei einem Isolationsfehler fließt

Fehlerstromschutzschalter (FI-Schutzschalter) Schaltet den Stromkreis ab, wenn ein Fehlerstrom fließt

Frequenz Gibt an, wieviel Schwingungen in einer Sekunde

ablaufen. Die Frequenz des Wechselstroms beträgt 50 Hz

Gleichstrom Fließt im Gegensatz zum Wechselstrom nur in einer Richtung. Wird im Haushalt vor allem in batteriebetriebenen Geräten verwendet

Glühlampe Luftleerer Glaskolben mit einer Glühwendel, die durch elektrischen Strom zum Leuchten gebracht wird. Durch Gasfüllungen wird die Lichtausbeute gesteigert

Halogenleuchte Mit einem Halogen gefüllte Leuchte, die eine besonders gute Lichtausbeute bei sehr kleinen Abmessungen ergibt

Hausinstallation Starkstromanlage mit einer Nennspannung bis 230 V für Wohnungen, aber auch für Büros, kleine Geschäfte und Werkstätten

Hertz Einheit für die Frequenz; Kurzzeichen Hz. Benannt nach dem deutschen Physiker Hertz (1857–1894)

Isolationsfehler Fehlerhafter Zustand der Isolierung, zum Beispiel bei der Beschädigung der Leitung durch einen Nagel

Joule Einheit der Arbeit; Kurzzeichen J. Benannt nach dem englischen Physiker Joule (1818–1889). 1J = 1Ws (Wattsekunde)

Klingeltransformator Wandelt die Netzspannung in ungefährliche Kleinspannung von 4–12 V um; trennt den Niederspannungsteil dabei vom Netz und hat gleichzeitig die Wirkung einen Trenntrafos

Kurzschluss Durch einen Fehler entstandene Verbindung zwischen zwei gegeneinander unter Spannung stehenden Leitern

Leistungsberechnung Elektrische Leistung kann berechnet werden, wenn Spannung und Stromstärke bekannt sind. Die Rechenformel dafür ist $P = U \times I$. Dabei bedeutet: P = Leistung; U = Spannung; I = Stromstärke

Leiter Alle elektrisch leitenden Teile, in der Regel werden die Adern einer Leitung als Leiter bezeichnet

Leitungsquerschnitt Querschnittsfläche der Ader; sie kann aus dem Durchmesser errechnet werden

Leitungsschutzschalter Schützt die Leitung vor zu hohem Strom; wird auch als Sicherung bezeichnet

Leuchtstofflampe Mit einem Gas gefüllte Glasröhre mit zwei Elektroden. Die Lichtwirkung entsteht durch einen von innen auf die

Glasröhre aufgebrachten Leucht-
stoff, der durch das Gas zum
Leuchten angeregt wird

Lichtfarbe Abhängig von der
Wellenlänge des Lichtes; unterschiedliche Lichtquellen haben jeweils typische Lichtfarben

Lüsterklemmen Anschlussklemmen mit zwei Klemmschrauben

Motorschutzschalter Schaltet
Elektromotoren bei zu hoher
Stromaufnahme ab und schützt so
vor Überlastung

Ohm Maßeinheit für den elektrischen Widerstand; Kurzzeichen Ω.
Benannt nach dem deutschen Physiker Ohm (1789–1854)

Potentialausgleich Elektrisch leitende Verbindung aller metallischen Bauteile eines Hauses mit
dem Erder

Relais Elektromagnetischer
Schalter

Schaltplan Übersicht über die
elektrischen Leitungen und Geräte
in einer Anlage

Schutzisolierung Bietet beim Auftreten von Fehlern einen
Berührungsschutz vor Teilen eines
Elektrogerätes, die unter Spannung
stehen

Schuko Warenzeichen, wird sehr
häufig als Kurzform für Schutzkontaktsteckdose oder -stecker
verwendet

Schutzkontaktstecker und -steck-
dosen Dienen zum lösbaren Anschluss von Elektrogeräten und er-
den diese über einen an den
Schutzleiter angeschlossenen
Schutzkontakt

Schutzleiter Besonderer, aus Sicherheitsgründen mitgeführter Leiter; Kennfarbe grün-gelb; verhindert bei Fehlern, dass das Gehäuse
von elektrischen Geräten unter
Spannung steht

Schutztrennung Trennung von
Elektrogeräten vom Netz durch einen Trenntransformator; dadurch
kann bei einem Isolationsfehler
keine Berührungsspannung auftreten

Schutzkleinspannung Spannung
unter 42 V; verhindert, dass bei einem Isolationsfehler eine gefährliche Berührungsspannung auftritt

Sicherung Schützt die Leitung vor
Überlastung und schaltet bei einer
bestimmten Stromstärke ab

Spannung Wird zwischen zwei
elektrischen Leitern gemessen; in
der Hausinstallation beträgt die
Spannung 230 V

Starter Sorgt für das Zünden einer Leuchtstofflampe

Stromkreis In der Hausinstallation die Leitung zwischen der Sicherung im Wohnungsverteiler oder hinter dem Zähler und dem Verbraucher, beispielsweise einer Leuchte oder Steckdose

Transformator Wandelt eine bestimmte elektrische Spannung in eine andere um

Volt Maßeinheit für die elektrische Spannung; Kurzzeichen V. Benannt nach dem italienischen Physiker Volta (1745–1827). Beispiel: Die Spannung an der Steckdose beträgt 230 V

Watt Einheit der elektrischen Leistung; Kurzzeichen W. Benannt nach dem englischen Erfinder Watt(1736–1819). Beispiel: Ein Heizofen hat eine Leistung von 2000 W, das entspricht 2 Kilowatt (2 kW)

Wechselstrom Elektrischer Strom mit periodisch wechselnder Richtung (Frequenz: 50 Hz)

Widerstand Elektrischer Eigenschaft von Stoffen, den elektrischen Strom beim Durchgang mehr oder weniger zu hemmen (Maßeinheit: Ohm)

Register

Im FALKEN Verlag sind zahlreiche Bände zum Thema „Do it yourself" erschienen. Sie sind überall erhältlich, wo es Bücher gibt.

Dieses Buch wurde auf chlorfrei gebleichtem und säurefreiem Papier gedruckt.

Der Text dieses Buches entspricht den Regeln der neuen deutschen Rechtschreibung.

ISBN 3 1868 1859 2

© 1997/98 by FALKEN Verlag GmbH, 65527 Niedernhausen/Ts.
Die Verwertung der Texte und Bilder, auch auszugsweise, ist ohne Zustimmung des Verlags urheberrechtswidrig und strafbar. Dies gilt auch für Vervielfältigungen, Übersetzungen, Mikroverfilmung und für die Verarbeitung mit elektronischen Systemen.
Umschlaggestaltung: Peter Udo Pinzer
Umschlagfoto: Peter Udo Pinzer, Bremthal
Foto auf der Umschlagrückseite: Christoph Mersmann, Bremen-Lesum
Fotos: Christoph Mersmann, Bremen-Lesum
Zeichnungen: Gerhard Wawra, Wiesbaden; ausser: Gebrüder Merten GmbH, Co. KG, Gummersbach, Seite 52; Heinrich Kopp GmbH & Co. KG, Kahl/Main, Seite 98
Redaktion: Konrad Haase / **Lektorat:** Walter Fromm
Herstellung: Albert Brühl

Die Ratschläge in diesem Buch sind von Autor und Verlag sorgfältig erwogen und geprüft, dennoch kann eine Garantie nicht übernommen werden. Eine Haftung des Autors bzw. des Verlags und seiner Beauftragten für Personen-, Sach- und Vermögensschäden ist ausgeschlossen.

Technische Realisierung: FROMM MediaDesign GmbH, Selters/Ts.
Druck: Ernst Uhl, Radolfzell

817 2635 4453 62